让阅读走心
让阅历丰盛

梦知道答案

第3版

武志红——著

北京联合出版公司
Beijing United Publishing Co.,Ltd.

图书在版编目（CIP）数据

梦知道答案：第3版 / 武志红著 . -- 北京：北京联合出版公司，2021.6

ISBN 978-7-5596-5157-0

Ⅰ．①梦… Ⅱ．①武… Ⅲ．①梦－精神分析 Ⅳ．① B845.1

中国版本图书馆 CIP 数据核字（2021）第053737号

梦知道答案：第3版

作　　者：武志红
出 品 人：赵红仕
选题策划：北京时代光华图书有限公司
责任编辑：郭佳佳
特约编辑：陈　佳
封面设计：济南新艺书文化有限公司

北京联合出版公司出版
（北京市西城区德外大街83号楼9层　　100088）
北京时代光华图书有限公司发行
北京晨旭印刷厂印刷　　新华书店经销
字数229千字　　880毫米 × 1230毫米　　1/32　　10.75印张
2021年6月第1版　　2021年6月第1次印刷
ISBN　978-7-5596-5157-0
定价：68.00元

序

梦知道答案

我越来越深信，觉察就是一切。一旦觉察到我们的问题是什么，我们立即就会获得解脱。

当然，接下来，我们还要把这种解脱在生命中活出来。不过，一旦觉察到了问题的真相，“如何做”就是自然而然的事情，而假若觉察不到问题的真相，急着去寻找“如何做”的办法，就常常是事倍功半，甚至会误入歧途。

在上海学精神分析时，我们班上有一个女同学，看上去像刚毕业不久的大学生一样年轻，同时又有一种成熟女子的气韵。和她聊天后才知道，她已过 35 岁，这让我大吃一惊。

再聊下去，发现还有令我更吃惊的事情。她说，她找过德国老师，希望德国老师为她做个人体验（即心理医生找心理医生做治疗）。老师和她谈了一会儿后说，你不需要做个人体验。她不解，问为什么。老师回答说，你的自我觉察太好了，而精神分析就是为了培养来访者的自我觉察。

她的这份自我觉察，或许正是她呈现出年轻而又成熟的气韵的原因之一吧。德国哲人埃克哈特在他的著作《当下的力量》中说，觉察可以提供一个内在的保护空间，令我们少遭受身体和心理的折磨。

可惜的是，我们多数人是缺乏自我觉察的。许多人没有自省的习惯，而许多人的自省也不是自省，不过是自我批评而已。那么，我们该如何自我觉察呢？难道必须依赖优秀的治疗师吗？

自然不是，任何人都有一个很好的自我觉察的方式——向梦寻求答案。任何时候，当你遇到理解不了的难题时，都不妨在睡觉前对自己说："我现在有一个困扰，我很想知道这是怎么回事，但我不知道，请你指引我。"

这是一个请求，当你向自己提这个请求时，越认真越诚恳，就越容易在晚上成功地做一个相关的梦，找到你的答案。

◈ 别被梦的复杂性吓住

或许，你会说，做了梦又如何，我解不了啊！

其实，只要你沉下心来，你总会从梦中得到一些启示，很多时候，我们是被梦的复杂性给吓住了，觉得自己就是明白不了。

如果真的明白不了，同时又觉得这个梦很重要，你可以在第二天晚上继续提出那个请求，那么你很有可能会接着做第一天晚上的梦，而且寓意会比第一天晚上的梦更清晰。

潜意识在梦中发挥作用，所以梦很容易给出指引，帮你找到藏在内心深处的答案。

有一种感受身体的办法是：找把椅子，以舒服而又不松垮的姿势坐下来，感受你的身体，从头到脚，再从脚到头，这个过程不要急，要越从容越好，越细致越好。譬如感受脚时，你可以依次感受大脚趾、二脚趾……小脚趾，再感受脚心、脚面、脚后跟、脚踝……

这样做时，你很容易放松下来，失眠或难入眠的朋友则发现，如果躺在床上的话，很容易在这个练习中入睡。

其实，这就是一种自我催眠的方法。稍有经验的朋友，可以调整呼吸并加到这个练习中。譬如，你感受大脚趾时，要在大脚趾上完成一呼一吸，呼吸时，好像你不只是通过鼻子呼吸，你同时也在通过大脚趾呼吸。加进呼吸，自我催眠的效果会更好。

◈ 拥抱噩梦带来的痛苦

如果想做自我觉察的话，就需要在这个练习中再加一些内容：在刚开始进行感受身体的练习时，对自己说，有一件事情让我困惑，我想知道这件事情是怎么回事，请你指引我。

然后，将这件事情的内容带进这个练习中，不是言语，而是一些体验性的内容，譬如你在这件事情中听到的、看到的和感受到的。随后你不必管它们，让它们自然地变化就可以了。通常，这些内容会在你的自我催眠中不断深入变化，最后会有一些关键性的信息涌现出来。

需要强调的是，如果你从未做过这个练习，或者你是一个安全感很低的人，或者你曾遭遇过某些严重创伤，那么最好不要独自做这个练习，因为它可能会带来一些可怕的画面，令你难以承受。

如果你能承受，我的建议是，不做任何抗争，不做任何努力，保持着你从睡梦中醒来的姿势不动，不管多么难过，都让一切画面自然流动。这样做的话，你很可能一次就可以从一些重大的内心困境中解脱，其效果可能胜过看许多次心理医生。

我曾有这样一次经历，我做了一个内容很多的噩梦，醒来后感到非常痛苦。同时，因是在半睡半醒的状态，我的眼前还有一个很抽象的画面在动。我知道，一些重要的信息从潜意识中浮现出来了，这是一个难得的机会。所以，尽管很难受，但我保持着刚醒来的姿势不动，意识上也不做任何努力，而是听任那个画面发展变化，也听任一切感受自然流动。 这样大约过了半个小时后，痛苦的感受消失了，并转化成一种极大的解脱感，我不仅从意识上明白了一个很关键的问题，而且从感受上也知道，我的内心发生了一个很大的变化，这半个小时的痛苦绝对是超值的。

过去几年，这种事情在我身上发生过多次。经常是，通过自我反省、看书、与人聊天或参加工作坊等形式，我的内心走到了一个临界点，这时，晚上做了一个噩梦，藏在内心深处的一些东西浮现出来，从噩梦中醒来后，我不挣扎，让一切感受自然流动，最后完成了一个重大转变。

试一试，或许你也可以做到。

武志红

目录

Part 1 读懂梦，读懂你的人生剧本

Part 2 尊重梦，人生的危机就是转机

Part 3 觉察情感梦，不做亲密关系的巨婴

Part 5 接纳情绪梦，对生命说是

Part 1

读懂梦，读懂你的人生剧本

别忙，我先感觉一下我自己

"放手！""山"急切地耳语着。

武士了解，他没有其他选择。在那个时候，他的力量开始消失，他抓住岩石的手指也开始迸出鲜血。由于相信自己快死了，他放了手，向下落去，掉入记忆中无尽的深处。

——罗伯特·费希尔

前不久，我在一个僻静的地方上一个名为"苏菲营"的课程。苏菲，是土耳其等国的一种修行办法，被视为"西亚的禅"。如果说，我们文化中的禅修，是通过静的方式修行，那么，苏菲就是通过动的方式修行，但两种修行的目的是一样的——放下小我。

只动了一天，我便感觉累极了，于是坐在宾馆的沙发上休息，这时接到了同学L的电话。L有满腹的牢骚，在电话中，他向我声讨某某银行，说他刚去了西欧，有500英镑的费用涉及某某银行，明明是银行的工作人员做错了，但他们不仅不道歉，还特傲慢。

接着，他又向我声讨很多"有关部门"，说现在做生意实在太难了。

放在以前，我会认真地听他诉苦，然后帮他分析一下事情的缘由，但现在我不再这么做，不仅是因为累，也因为我知道，听别人声讨，一般都是浪费时间。

于是，我直接打断他说："哥们，你说得有道理，但你这么说的时候，我有了一个感触，不知道该说还是不该说。"

"哦，是吗？"他回答说，"说吧，有什么不能说的？欢迎！"

"你怎么变成了一个'愤中'？"我说。

我之所以这么说，是因为L以前是一个非常温和而宽厚的人，他很少表达他的怨气。现在，已35岁的他，却变成了一个充满愤怒的男人。

我的质疑让他感觉到有点惊讶，他说，难道不应该愤怒吗？不管谁像他一样遭遇了那么多不舒服的事，都会对银行和很多"有关部门"生出怨气的。

"你的怨气主要是针对银行和'有关部门'吗？"我反问他，"你不妨静下心来问问自己，你的怨气主要来源于哪里。"

在电话那头，他静了一会儿说："是的，我的怨气的主要源头不在这里。"

◈"好人"们常玩抱怨游戏

这答案我料到了，因为我对他比较了解，明白他的怨气主要来自家中。L是一个很会为别人考虑的人，尤其是一个很顾家的人，然而，现在我发现，无数像他这样的"好人"到了中年和老年后会有一个特殊的心理逻辑结构，这可以称为"怨气形成的三部曲"：

1. 活着是为了别人。

2. 我已经奉献了这么多，你们应该为我考虑。

3. 你们没有为我考虑，所以我有满腹怨气。

其中的第二个环节是隐蔽的，“好人”们通常不会将它表达出来，他们无意中在玩一个游戏——“我为你做了这么多，我不说你就应该知道要为我做什么”，但通常别人都不会响应他们这一隐蔽的渴求，这最终会导致“好人”们的怨气，以及伴随着这一怨气的自恋感加重——“我是多么具有奉献精神的好人啊，你们都欠我的”。

这种怨气是逐渐积累的。小时候，因为怨气不重，我们可以心平气和地做“好人”。随着年龄的增长，我们发现，做“好人”并不能自动带来价值感和别人的尊重，相反别人会“对不起”自己，这令自己逐渐感到绝望，绝望到了一定地步，这种怨气就会爆发出来。

怨气爆发得越早越好，因为这意味着改变的契机。我发现，许多“好人”是到了30多岁后才开始爆发。这仍然算好的，如果到了五六十岁甚至七八十岁再爆发，那就有些晚了。

作为L的同学兼好友，我好像一直在等着他的怨气发作，而这次是很好的机会，所以我很自然地点破了他这个隐蔽的心理游戏。

L的这种“为了别人而活”的逻辑，在我们的文化中非常常见，因为我们将这个视为“好”，而将“为了自己而活”视为自私，视为“坏”。然而，我在心理咨询中发现，除非一个人真正抱定“为了自己而活”这个理念，否则好的改变很难发生。

因为，“为了别人而活”，这种观念貌似是奉献精神，但其另一面是“我的不幸是你导致的”。“好人”们在咨询的一开始很容易将责任归咎于他人，这也意味着推卸责任，于是成长很难发生。

◎ 一个美极了的蜕变梦

类似的故事也发生在我的一个来访者 F 身上。F 是一个依赖者，她的核心问题是，每当她要为人生做选择时，她都会陷入极大的犹豫中，因为她发现，每一种选择都会有人受伤。

于是，在长达一年半的时间里，尽管她的人生遇到了很大的难题，迫切需要她做选择，她仍然处在一种动弹不得的处境中，没有做出任何选择。

在一次关键的咨询中，我们对她的一件很小的事情做了细致入微的探讨，她终于明白，做任何选择都会有相关人受伤，而她最怕内疚，不想欠任何人的，所以她在绝大多数场合都依赖别人为她做选择。这种内疚，她平时也知道，但每当内疚产生时，她都会逃避它。结果，逃避内疚也就导致了逃避选择。

这次咨询后，她已知道该如何做，并在生活中承担起了选择的责任，但她仍然来找我咨询，好像是为我考虑一样。我感觉到这一点，问她：“如果是你选择中断咨询，也会觉得对不起我吗？”

她说是，我笑着说：“我很穷，很需要你每小时 300 元的咨询费，期待你继续来找我。”

她也笑了，而接下来，她选择了中断咨询。过了一个多月，她又突然来到我的咨询室，说前天晚上做了一个梦，希望我帮她分析。

但这哪里是想要我分析，更像她想要分享，因为她的梦境实在是太美了：

我梦见我是一只鸟，住在一个黑漆漆的山洞里，山洞里还有很多我的同族。我们都不会飞，挤在山洞的岩石上，各自占据着一个窄小的位置不敢动弹，否则就会掉下去。

突然，我找不到我的位置了，最后一个位置被一只不是鸟的动物占据了。它冷冷地看着我，不打算提供帮助，我从岩石上掉了下去，像自由落体一样，那一刻我很恐慌。

但在跌落过程中，我突然发现，我有翅膀，于是我努力地扑腾翅膀，心里有一种莫名的信念，相信我一定能飞，而我果真飞了起来，再也不怕坠落。

我飞得自在而潇洒，我的一些同族也明白了自己可以飞，它们跟着我一起呼啸着飞出山洞，与经过洞口的一群白天鹅会合，飞向蓝天。这时我发现，原来我和我的同族都是粉红色的天鹅。

我们还飞过大海、森林和湖泊。我发现，我们不仅能飞翔，还可以游泳。低低地飞过水面时，有人将水溅起，泼向我们，我觉得这没什么，毕竟这对我们构不成任何伤害。

F 从这个梦中醒来，带着极大的喜悦，她一看表，发现是凌晨三点多钟。这种喜悦带来的兴奋一直持续着，直到五六点钟时她才又睡了一会儿，而再度醒来后仍充满喜悦。

这个梦至少有双重含义，一个是对 F 的生活的隐喻，另一个是对 F 的心灵蜕变的表达。

就人生处境而言，我们多数人都像 F 一样，站在一个狭窄的岩石上，拼命去守护那一点可怜的地盘，生怕失去它，而守护的办法也常常是执着于某一种早就习惯的办法。

对 F 而言，她要守护的这个地盘就是重要亲人的爱与认可。她的重要亲人中多是支配欲很强的人，她守护这个地盘的办法就是扮演一个可爱的依赖者。

然而，这个办法失效了，不管她怎么执着于这个办法，这个地盘都是守不住的。

于是，在梦中，她从岩石上跌落了下来，在跌落过程中，她发现，原来她是可以飞的，她不必那么执着于一种方式。

◈ 极端痛苦是需要蜕变的信号

这正如德国心理治疗大师海灵格提到的一个比喻：

一头熊，一直被关在一个窄小的笼子里，只能站着，不能坐下，更不用说躺下。当人攻击它的时候，它最多只能抱成一团来应对。

后来，它从这个窄小的笼子里被解救了出来，但它仍然一直站着，仿佛不知道自己已获得自由——可以坐，可以躺，可以跑，还可以还击。

我们都生活在这种无形的笼子中，对于多数人而言，除非遇到一些极限情况，否则会一直执着于原来的那种方式。譬如，L 会一直执着于做“好人”，而 F 会一直执着于做依赖者。

但是，极限情况发生了，L 开始有了承受不了的怨气，F 有了乱成一团的人生处境。这些极限情况看起来很不好，但这恰恰是迫使他们不得不放弃原有方式的动力。

一旦放弃执着，那头熊会发现，它可以坐、躺、跑，甚至还可以还击。L 会发现，他不必非得做“好人”，他首先得学会尊重自己。F 会发现，她可以做一个独立的人，不必什么事都依赖别人做决定。

总之，如若我们不再执着，便会发现，原来世界如此辽阔。我们不必非得守在那块可怜的地盘上，我们可以飞翔，可以游泳，可以不必理会别人的流言蜚语，我们只需要尊重自己内在的灵性。

可以说，F 的这个梦是顿悟的梦，人一旦有了这种开悟的时刻，内心就会发生一次翻天覆地的变化，会变得更和谐、更有力量，也更富有弹性。

对此，F 有明确的体会，她说，从梦中醒来后，她深切地明白，她生命中的那些问题仍然存在，但不同的是，它们变小了，她可以轻松面对了，而且她深信一定会找到好的解决办法。

给我的感觉是，她刚来找我做咨询时，她的任何问题都好像是无比巨大的问题，将她整个人笼罩住，令她动弹不得。慢慢地，她和这些问题拉开了距离，有时她能够像一个旁观者一样跳出来看这些问题。现在，这些问题则像小圆球一样，可以被她捧在手中，认真而轻松地观察。

她是怎么做到这一点的呢？加上这次解梦，她总共来找我做过四次心理咨询，难道我像神仙一样点化她了吗？

当然不是，关键是她很快有了一种重要的觉悟：每当有问题出现时，她不会像以前一样，立即陷入问题中，并急于去寻找解决问题的办法，而是先去感受一下自己。

用她自己的话说是，每当碰到问题时，她会立即对自己说："别忙，我先感觉一下我自己。"

◈ 找到自己就不会失控

通常，这种"感觉一下我自己"的办法是做一次深呼吸，然后将注意力集中在自己身体上，感受一下自己的身体反应和内在体验，然后再面对问题。

假若环境允许的话，她会躺下来，细细地感受自己的身体。

不过，最初告诉她这个办法时，我讲得比较笼统，并没有一个非常具体的办法教给她，而她摸索出了自己的办法。一开始，她试着去感受自己的手但觉得这太简单，好像除了感觉外还应该做点什么，于是她就想象自己的每一根手指和脚趾好像小树苗一样会缓缓长大。并且，她也不是按从头到脚这样的顺序去感受自己的身体，而是感受完了手就去感受脚。结果，不管遇到什么事情，只要专心做这个练习，她都是还没做完一遍就会睡着。

这个练习的核心是与自己的内在取得连接，当我们可以很娴熟地做这个练习之后——这一点很容易，我们也就可以在生活中随时找到与自己内在连接的感觉。这样一来，不管外面发生什么事情，只要我们能感受到自己的内在，就不会轻易失控。

F 说，她每天都会做这个练习，而且一天会做很多次，结果她面对事情时越来越镇定，好像真的有了一个空间笼罩在她身边，使她任何时候都能和问题保持一点距离，从而可以比较自如地去观察这个问题。

与人分享这样一个梦，真是很美的事情，只是我忘了告诉F一个感受：我有点羡慕她，羡慕她能这么快就达到这样的境界，尽管这个练习是我教她的，但我并没有达到这一境界。

这个练习以及F新形成的行为习惯——“别忙，我先感觉一下我自己”，都是在做同样的事情——“关照你的内在”。当遇到什么人或事时，不是将注意力集中在外部，而是先来关照自己，先与自己的内在取得连接，然后带着这种连接去做选择。这时，你就会真切地感受到，这是你的选择，这是由你自己做出的选择，只有你为此负责。

如果说我在做心理辅导时必须要教来访者什么，那么这是必要的一步，因为只有当来访者愿意做到这一点时，真正的改变才有可能发生。

有了这样一个梦后，F的内心境界进入了新的层次。这时，她可能会和以前一样做出同样的选择，但因为内心发生了变化，这一选择的意义也就不同。

同样地，如若L能做到这一点，对“好人”的逻辑不再执着，而是从自己出发时，他一样还可能会继续做一个好人——一个有明确内在的好人。这种好人与注意力都放在别人身上的好人，可以说是完全不一样的。这两种“好人”我都接触了不少，前一种好人会令我生出亲近他的渴望，而后一种好人，会令我有逃离他的冲动。

妈妈变成了一条蛇

〔父母不必了解孩子的一切〕

梦者：壮壮，男，5 岁。

梦境：妈妈变成了一条五彩斑斓的蛇，还带着一群小蛇，拼命追我。

分析

或许，我现在已经有了一种职业病：总能从看似美好的事物中发现问题，并且还是不小的问题。

好友王女士就曾领略过我这种职业病。

有一次，我和她聊天，她屡屡讲起她的儿子，5 岁的壮壮。显然，她有点自恋地以为，她应该是一个好妈妈，因为她不仅愿意聆听儿子的心声，还非常了解儿子。

譬如，每当小家伙生闷气的时候，她总是很快就能猜到他生气的原因。

为了说明这一点，她给我讲了一个小故事。

一天早上，她起床后去儿子的小床边，像往常一样想和儿子亲昵，却发现小家伙很勉强，脸上的神情也透露着“我不想理你”的信号。

注意到儿子这种神情后，她问小家伙，发生什么了，让你不愿意理妈妈?

一般而言，幼小的孩子是不大愿意用语言沟通的，壮壮也不例外，他只是用脸色和身体姿势来表达不满。

既然小家伙不愿意说话，王女士只好猜了。

她回忆说，当时好像是心有灵犀一样，她突然间心念一动，想到了一个很有可能的原因，于是问壮壮:“你是不是做噩梦了？”

果真，她猜中了小家伙的心事，壮壮用力地点了点头，用很大的声音说:“妈妈变成了一条蛇！”

原来，壮壮做了一个梦，梦见妈妈是一条蛇，而且是一条五彩斑斓的、非常粗大的蛇，后面还带着很多小蛇，在追壮壮。壮壮很怕，怎么跑都甩不掉它们，最后在惊慌失措中醒了过来。

王女士说，一次就猜中儿子心事在她的生活中并不罕见，记忆中，她要猜中儿子的心事似乎从来不需要超过 3 次。

她还给我讲了其他一些猜中儿子心事的例子。不过，我的注意力一直都留在了这个关于蛇的梦上。

我问她，你有没有想过，这个蛇的梦说明了什么?

她想了一会儿，突然说，前不久，她在一个心理医生那里做治疗时，心理医生感觉她有“吞并”丈夫的倾向。

说完这句话后，她若有所思地问我:“儿子也觉得我在吞并他吗？”

显然是。

◎ 一个担心被吞噬的梦

梦见蛇，应该是最常见的一种噩梦了。

对此，比较常见的解释是，对蛇这种爬行动物的恐惧，是人类最原始的恐惧之一，是人类及人类先祖数百万年甚至更长时间以来的集体经验的累积。如果我们能了解其他动物的梦，或许会发现，对它们而言，对蛇的恐惧也一样是最常见的噩梦之一。

毕竟，对于许多动物而言，蛇都是最常见的一种威胁。

并且，蛇有一个特点：它的攻击方式是先放毒再吞噬。当然，那些没毒的蛇，则是直接吞噬。

所以，当我们感觉到自己被某个人“吞并”时，就容易做蛇的梦。

很巧的是，数年前，我也做过一个被吞噬的梦。

那时，我认识一个女孩，她多才多艺，又年轻美貌，但她有一些问题。简而言之，就是她缺乏自我存在感，于是她对亲密关系非常渴求，但一旦建立起亲密关系，她会很黏人。哪怕恋人暂时离开她，她都感觉自己瓦解了，就像一个坍塌的房子那样支离破碎。也就是说，她的存在感是建立在别人身上的，别人稍稍疏远她，都会给她造成很大的痛苦。因而，她要时时将对方紧紧抓住，那样才有活着的感觉。

并且，当恋人不在她身边时，她除了有生不如死的感觉外，还会特别愤怒。有时，这种愤怒会指向恋人，令她对恋人发很大的脾气；有时，这种愤怒会指向自己，令她有自残的冲动，严重时，她会有强烈的自杀冲动。

一开始，我对她有理性的认识，于是一直刻意和她保持距离。

但她对我又有很大的吸引力。一次，我们通过电话聊了很久，她对人性的洞察力令我赞叹不已。等放下电话后，尚是单身的我不由想到，是不是可以考虑和她在一起？

结果，当晚我就做了一个梦，梦见一条超大的蛇将我吞掉。这个梦是在提醒我，面对这个女孩，我有被吞噬感。

◈ 美好事物一绝对化便会出问题

我将我的梦告诉王女士，她陷入了沉思。好一会儿后，她说："儿子那个梦我懂了，但是，我还是想不明白，为什么我会给他留下吞并感？难道，我不应该去了解儿子的想法吗？"

我知道她的意思。

之前，在为自己是个"好妈妈"而沾沾自喜时，她谈到了一点：她觉得自己似乎了解儿子的所有想法。

当然，这只是一个结果。为了达到这个结果，她付出过巨大的努力，具体就是努力和儿子沟通。为此，她会很看重和儿子谈心，并且每次都是很耐心也很享受地去询问儿子的想法和感受，而她也会很尊重儿子的感受，并且会根据儿子的感受做出恰如其分的选择。

譬如，一天，他们一家三口去逛街，儿子突然停下来不走了，并且也不说为什么。王女士的丈夫想采用男人的方式解决问题。不过，他的方式并不粗暴，他常常先胳肢儿子，把他逗笑后再扛到肩上强行带走，不管儿子怎么反对他都不会停下来。

王女士不赞同这种方式，她认为这缺乏理解，所以她会坚持她的方式：先蹲下来，耐心地问儿子到底发生了什么，等知道儿子的真实想法后，再决定要么满足他，要么说服他。总之，王女士认为选择前必须有一个前提：了解儿子的真实想法。

我也赞同，这是非常好的方式。

然而，任何方式一旦将其绝对化，就很容易出问题。

因为，绝对化的背后藏着一个人对某种渴望的极度执着。并且，这种执着的另一面，就是一种极度的恐慌和逃避。

对于王女士而言，她将“理解儿子”这一点绝对化，这意味着，她极度渴望与儿子的融合感。她之所以极度渴望与儿子融合，意味着，她对于距离感极度恐慌。

可以说，王女士和我遇到的那个女孩有类似之处。她们都缺乏存在感，都渴望亲密关系，都害怕与亲人分离……

当有了和那个女孩走近的念头时，我的潜意识深处就有了被吞噬的担忧。

心理医生也对王女士说，他感觉她有“吞并”丈夫的倾向。

王女士说，她的丈夫经常很晚回家，这恰恰是她最愤怒的事情。每当到了深更半夜，丈夫迟迟不回来时，她便有恐慌感，还有窒息感，常常觉得自己好像要瓦解了。尤其令她生气的是，他们本来有约定，如无特别事情，他必须在晚上 12 时 30 分前回家，但他经常违反这个约定。

“但是，他为什么那么晚才回家呢？”我问她。

她沉思了一会儿后说，她相信他没有外遇，也相信他没去色情场所，但她的确不知道他到底是做什么去了……

“或许，他只是要时不时地躲你一下。”我说。

“为了对付我的吞并倾向?!”

◈ 再亲密的关系也需要距离

这是夫妻关系中很常见的一种游戏：一个人想紧紧抓住另一个人，抓得太紧了，另一个人就会有窒息感。于是，他每隔一段时间便会莫名其妙地消失一阵子，他或许会有外遇，但很多时候，他只是去找独处的机会而已。

多数时候，是女性玩“吞并”的游戏，但也有不少男性会这样做。

紧紧抓住一个成年人，相对是比较困难的，但紧紧抓住一个孩子，要容易很多。于是，很多对丈夫失望的妻子，会将注意力转移到孩子身上，将渴望与丈夫融合，变成努力与孩子融合，而“我要知道你所想的一切”，便是最常见的追求融合的努力。

假若王女士只是在必要的时候去了解儿子，她就是一个好妈妈。假若她在任何时候都想知道儿子在想什么，她的爱就会给人一种窒息感。

其实，任何一种亲密关系都需要一定的距离。甚至可以说，融合只是瞬间的，而距离才是永恒的，正如美籍黎巴嫩作家纪伯伦在

《论婚姻》中所说：

彼此斟满了杯，却不要在同一杯中啜饮。

彼此递赠着面包，却不要在同一块上取食。

快乐地在一处舞唱，却仍让彼此静独，

就像琴上单独的弦，

在同一韵律中颤动。

……

要站在一处，却不要太紧密。

因为殿里的柱子，也是分立在两旁，

橡树和松柏，也不在彼此的荫翳中生长。

◈ 父母不必了解孩子的一切

一个丰富的生命是有着很多关系需求的，而不是只与父母等亲人建立亲密关系。

譬如，一个孩子全神贯注地看一棵树时，他就是在与这棵树建立关系。

这时，如果父母过来问孩子从这棵树中看到了什么，那么，父母就是割断了孩子与这棵树的直接联系。

很多论教育的文章都写道，父母要多鼓励孩子。假若父母把这一点绝对化，无论孩子做什么都鼓励孩子，那么，孩子做事情的原动力——例如好奇心得到满足——就会被破坏，以后他做什么仿佛都是为了得到父母或他人的认可，一旦没有父母或他人的认可，他就会茫然失措。

在这种环境下长大的孩子，会形成一个外部评价体系，即他做事的动力都源自别人，而不是源自他的内心。

一个孩子只有从他的内心出发，才会形成对这个世界的独特认识，而这正是创造力的来源。

孩子的天赋是无穷的，但父母自以为他们了解孩子的一切，于是孩子就被限制在他们已知的平庸范围之内。父母不必渴望了解孩子的一切。难道爱因斯坦的父母能了解儿子的世界？

总之，在每一种人际关系中，都存在着一对矛盾：既渴望融合的瞬间，又渴望独立的空间。

因而，我们不能将融合视为绝对正确的东西，那样会有将爱变成吞并另一个人的危险，并势必会导致对方渴望逃离。

刚满月的女儿在家中发生意外

〔打了折扣的母爱仍是伟大的〕

梦者：一位年轻的妈妈，具体身份不详。

梦境：一个多月前，我添了第一个女儿。就在前几天晚上，我做了一个梦，早上5时30分左右，女儿在家中发生意外，我在外边知道后，很悲伤地赶回家，并在悲伤中醒来。

分析

这个梦，我无法做精确的分析，因为这位年轻妈妈的信中没有详细地描绘梦的细节，也没有留下电话以便做采访。但这是一个重要的话题，我希望在试着分析这个梦的同时能给遇到类似问题的读者一些帮助。

这个梦的含义至少有两种可能性：一种可能性是展示了这位妈妈对女儿处境的担忧，另一种可能性是展示了不完美的母爱——妈妈有希望女儿出意外的轻微愿望。

先谈第一种可能性，这位妈妈强调了两点——“第一个女儿”

和“5 时 30 分”。“第一个女儿”，这个词透露了一个信息，即这位妈妈可能有要生第二个甚至更多女儿的心理准备。至于“5 时 30 分”，很可能是她女儿出生的时刻。

为什么要生第二个或更多女儿呢？我认为，最大的可能性是这位妈妈所在的家庭有重男轻女的倾向，很希望有一个男孩，当看到她生的是女孩时，家人非常失望甚至非常不满，他们的情绪给这位妈妈造成了很大的心理压力。丈夫或其他重要亲人甚至已经开始向她明确表示，他们很不高兴，他们希望她再生下去，直到有一个儿子为止。

在这种情形下，出于母爱，这位妈妈担忧自己的女儿会被歧视，甚至会遭到虐待，但她无法直接地表达她的担忧，甚至不得不把这种担忧给压抑下去。梦则告诉她，她应该有所担忧，她的担忧是有道理的。

再谈第二种可能性。很多女性，在做了妈妈后，会因为一些生理原因和心理原因，患上程度不一的产后抑郁症。生理原因的解释，目前尚未统一，而心理原因方面，最常见的是一种失落感。

◈ 夫妻关系的问题被暴露

广州向日葵心理咨询中心创办人胡慎之说，在怀孕期间，孕妇会得到重要亲人极大的关爱，但这种关爱，部分是给孕妇本人的，部分是给即将生育的小孩的。孩子还未出生之前，这些关注是统一的，全部集中在孕妇身上。孩子出生后，这些关注会产生分裂，相当一部分关注点会转移到新生儿身上，只有一部分还留在妈妈身上。并且，在很多家庭当中，妻子本来就是被当作传宗接代的工具的，当孩子出生后，大部分关爱会转移到新生儿身上，妻子会被忽视。

这种时候，这些年轻的妈妈会产生恨意。如果分得清楚，这种恨意会对准忽视她的人。如果分得不清楚，这些恨意很可能会转移到孩子身上。也就是说，做妈妈的因为孩子夺走原来属于她的关爱而对孩子产生敌意。

还有一种情形，即本来夫妻关系就有一些问题，丈夫没把妻子当作成年人来爱，而是将她当作小女孩来爱。在孩子没出生前，这没有问题。但是，如果一个女儿出生之后，丈夫有了一个真正的小女孩，他的关注点会迅速从妻子这个“假的小女孩”身上转移到女儿这个真正的小女孩身上。

这种时候，妻子也会产生强烈的失落感，并可能由此产生“假若女儿没有出生该多好啊”这种念头。

但是，这种念头一旦产生，她会感到完全不能接受，她会痛斥自己，作为妈妈，怎么可以诅咒女儿呢？她一定要做最好的妈妈，给女儿完美的母爱。所以，她会立即努力将这种念头压下去。不过，这种念头不会因此而消失，它只是被压到潜意识里面而已，而梦就是潜意识的展现。

生了女儿，做妈妈的可能会产生失落感。生了儿子，做父亲的也有可能会产生失落感。在“摇篮网”上，一位妈妈发帖子说，儿子刚生下不久，儿子一哭，她自然而然地想去哄他，但她丈夫一看到这种情形就会大发雷霆，阻止她不让她这样做。

在给她的回帖中，有一些妈妈说，她丈夫很可能是在吃儿子的醋。之所以出现这种情况，很可能是在儿子没有出生前，丈夫把自己当作小孩子，而把妻子当作妈妈来爱。但现在，真正的儿子出现了，他这个“假小孩”就失去了原来的心理地位，于是吃起醋来。

作为正常人，一旦对儿女产生醋意，并隐隐希望他们出意外，我们就会感到非常惶恐，我们的道德感会咒骂、斥责我们：你怎么可以这样想！这种道德感还会要求我们：你一定要做一个完美的妈妈！

但完美的爱不存在。作为凡人，我们对亲人的爱，都有自私的成分在，都有一些瑕疵。承认这个真相，我们才能做得更好。

◈ 这是改善夫妻关系的契机

真相永远是最重要的，如果故意压下一些真相，而强迫自己做完美父母，那么常会事与愿违。譬如，假若第一种情形成立，是家人对这位年轻妈妈生了女儿而不满，那么这位妈妈就应该鼓足勇气直面这个真相，并学习如何保护女儿，或争取让他们接受女儿。

假若第二种情形成立，是家人有意无意地将她当作传宗接代的工具，女儿一出生就将大部分关爱转移到女儿身上了，那么，她可以明确地对家人表达不满，或者起码知道是家人对不起她。如果她能做到这一点，她就不会迁怒于女儿。

假若第三种情形成立，是她在以前的夫妻关系中一直扮演小女孩的角色，女儿出生后丈夫把爱转移到了真正的小女孩身上，那么她可以重新学习做真正的妻子和真正的妈妈的角色，她还可以引导丈夫，把他们的夫妻关系推向成熟。

这些都是重新认识亲密关系的契机，如果刻意地压抑自己对女儿的一些敌意，强迫自己做完美妈妈，那么她就会失去这些机会。

并且，单纯的压抑是没有效果的，敌意一般会越压抑越深，在最后很可能以极端的形式表达出来。经常有报道说，得了产后抑郁症的妈妈杀死了自己的亲生儿女，很可能就是类似的原因。

就算走不到这种极端的地步，妈妈也可能会发现，无论她怎么努力，总是看女儿有些不顺眼。女儿长大后也会发现，妈妈虽然在物质照顾方面做得很好，也很乐于对她表达关爱，但她总觉得妈妈的关爱让她不舒服，这是因为，这些爱中掺杂着敌意。

无论以上哪种情形成立，我必须强调一点，我一点都没有谴责这位妈妈的意思，因为在多数情况下，打了折扣的母爱仍然是伟大的。

巧合的18时28分

〔不想被动重复分离之痛〕

梦者：阿志，男，24岁，外企员工。

梦境：夜幕已降临，我站在一棵树下，泪如雨下。

我的女友就要出嫁了，但她嫁的不是我。她的家在前面一栋楼的5层，那个房间灯火通明，她和她的爸爸、妈妈、姐姐、好友和新郎簇拥在一起，很是热闹。只有她家的那个房间张灯结彩，是彩色的，其他一切都是灰色的。

走吧，该走了，我对自己说。这时，我看了一下手表，时间是18时28分。

分析

阿志是我的一个来访者，他来找我的原因是失恋。

2007年10月，他在外地的女友病了一个星期，而阿志一直没有和她联系并慰问她。她病好了后，提出了分手，阿志答应了。

女友提出分手的那一刻，他有些慌张，这慌张只是一恍惚的时间，后来他就恢复正常了。接下来很长一段时间，他一直没怎么难过，照常工作、照常交际，好像没什么事发生一样。

然而，随着时间的推移，他逐渐难过起来。2008 年 1 月，他开始有了一些焦虑和慌张，5 月时，痛苦发展到顶点，陷入了很可怕的恐慌中，最严重的时候会觉得胸闷喘不过气来，而且严重失眠，还经常有自杀的念头。

在我看来，这是延后的分离焦虑反应。所谓分离焦虑，即我们和一个重要的人物分离时产生的一系列痛苦反应。最常见的分离焦虑有两种：小孩子离开妈妈时的反应，以及恋人分手时的反应。自然，阿志的反应属于后者。最有意思的是，刚分手时他没什么事情，7 个月后才有了严重的分离焦虑。

5 月，阿志去了一家医院的心理科求治，医生说是抑郁症，给他开了抗抑郁药。此后几个月中他一直在吃药，情绪也逐渐平复了一些。不过，他希望在药物治疗的同时能得到心理治疗，于是来到了我这里。

和他聊了一会儿后，我发现了一个奇特的规律，他们经常在 10 月的时候闹分手。他们 2002 开始恋爱，当时两人刚从同一所中学考上大学。2004 年 10 月，阿志提出过一次分手，表面理由是喜欢上了自己班上的另一个女孩，真实理由是，阿志早在他们刚开始相恋时就隐隐觉得，女友一定会离开他，他得不到她。到 2004 年 10 月时这种感觉尤其强烈，他忍不住提出了分手，但女友不答应，所以没成功。

2005 年 10 月和 2006 年 10 月，阿志又两次提出过分手，理由类似，结局一样，女友都没答应。而他说，他后来明白，他其实是希望看到她紧张他，这个“阴谋”实现后，女友那种紧张会让他有点快意。

或许是预料到了这个游戏会再次上演，也或许是累了，2007年10月，女友第一次向他提出了分手，并且说：“这一次，让我画上句号！”

为什么总是在10月闹分手呢？我觉得这是一个很关键的信息，于是问阿志：“你几次都是在10月提出分手，这是为什么呢？”

他好像没有听到我提到的“10月”，而是讲起了一种宿命论。他说，刚和她认识时，他就觉得他们肯定不会长久，她一定会离开他。并且，在他们刚认识的时候，他做过一个梦，即本文开始提到的梦。

和总在10月提分手一样，这个梦中的数字“18时28分”也引起了我的关注。他讲到18时28分这个数字时我的身体有很大的反应，所以我给他布置了一个作业：和妈妈沟通一下这个梦。

阿志第二次来到咨询室后，有些激动地对我说，这个数字的确有着特别的意义，妈妈告诉他，他是在18时28分出生的。他很惊奇，他怎么可以梦见这个数字，因为这是他第一次知道他的准确出生时刻。

或许，这是因为我们的身体比我们的头脑更有智慧。有科学家称，记忆不是在大脑中存储，而是储存在DNA中。假若这一观点成立，阿志是否被告知准确出生时刻就不重要了，因他的身体自然会记住这一时刻。

阿志还说，他是 1984 年 5 月出生的，是早产儿。又一个重要信息出现了——阿志是 5 月出生，而他是 5 月才强烈感受到失恋的痛苦，这又有什么联系吗？

阿志回答说，妈妈生他时难产，他只在妈妈肚子里待了 7 个多月就出生了，并且形势一度非常危险，甚至医生都问了阿志爸爸，是想保大人还是想保孩子，所幸最后母子俩都平安渡过了这一难关。

5 月出生，在妈妈肚子里待了 7 个月，这样一推算，我发现，妈妈怀上他的时候正好是 10 月。也就是说，他屡屡和女友提出分手的月份，正是他被怀上的月份，而他感受到可怕的分离焦虑的 5 月，正是他出生并遇到难产的月份。

由此，就可以理解 18 时 28 分这一数字在梦中的意义：他在这一时刻出生，而他也在这一时刻和重要的女性分离。第一次分离是出生，第二次分离是失恋。

我将这些数字之间的联系展现给阿志后，阿志一下子静了下来，身体不断颤抖。我知道，这是他被遗忘的难产之痛又一次的展现。

这种痛苦的展现非常重要，所以我对阿志说，不要抗拒，欢迎这份痛苦的到来，我们一起欢迎它的到来。

接下来的很长一段时间里，我和阿志都没说话，从阿志的神情看得出来他还是很痛苦。随着时间的推移，他逐渐平静下来。

最后，阿志长舒了一口气，说他明白了梦的含义，也明白了他的那种感觉——“女友一定会离开我，我得不到她”，并非什么预感，不过是自我实现的预言，他屡屡提出分手，不过是不想再被动地重复分离之痛。

我杀死了一个 23 岁女孩

〔看见轮回，跳出轮回〕

梦者：菲菲，女，27 岁，外企员工。

梦境：我亲手杀死了一个 23 岁的女孩，她刚刚大学毕业。不过，没有人知道是我杀死了这个女孩。

并且，只要我不说出是我杀死了她，人们就都认为是我丈夫杀死了这个女孩。

分析

菲菲是我在一个课程中遇到的同学，她来上这个课程，是因为她面临着一个巨大的难题——离婚还是不离婚。

表面看上去，她好像没有什么理由不离婚，这个婚姻好像也快没救了。但是，我和她聊了一次后发现，她的几次恋爱和这次婚姻都有一个特点——都是在相处两年半的时候结束的。此外，我也知道她两岁半时妈妈和爸爸离婚，而她跟了爸爸。

这显然是一种轮回，是她自己在潜意识的驱使下不断重复两岁半时被妈妈“抛弃”的痛苦经历。我指出了这一点，并明确告诉她，这是她的潜意识主动追求的结果。

同时，主持这个课程的老师也给她做了一次治疗。当天晚上，她便做了这个梦，醒来后她没有动弹，保持刚醒来时的姿势不动，让梦中的这些情节一个个地在脑海中进行自由联想。通过这个办法，她很快明白了这个梦的含义。

关键是“23 岁女孩”这个情节。对于这个情节，她联想到自己 23 岁时。那是大学毕业那一年，堪称是她生命中最亮丽的时刻，其中一个典型事件是她在学校一次活动中被评为校花。

两年后，她结婚了。结婚后，她觉得她的漂亮和风采会给丈夫造成压力。于是，她努力收敛起自己的活力，很少参加社交活动，不买漂亮衣服，甚至有时故意把自己打扮得丑一些。

这就是梦中她杀死那个 23 岁女孩的寓意了。她的确做了这样的事情，只不过杀死的是她自己。

一直以来，她觉得自己为丈夫做了太多牺牲，丈夫却对她越来越冷淡，这让她非常愤怒。这是她提出离婚的一个重要原因。

然而，这个梦告诉她，是她自己杀死了自己，这是她的主动选择，并不是她丈夫的需要。所以，她要为这一点负责，假若她因此对丈夫有怨气，那就是她在玩嫁祸的游戏了。

事实上，一直以来她无形中都在玩这个游戏。她的朋友们多赞同她离婚，其中一个重要原因是他们认为，她结婚后风采一天不如一天了。

不过，为什么她会故意压抑自己的风采呢？前面提到，这是因为她认为，她如果太漂亮了丈夫会有压力，会觉得配不上她，也担心她招蜂引蝶。不过，在这次自我解梦中，她通过自由联想明白，产生这种想法的表面原因是她认为这是丈夫的需要，其实它由来已久，最初是在她的原生家庭中形成的。

她的妈妈也是美女，而妈妈与爸爸离婚，菲菲下意识的分析是，妈妈太漂亮，爸爸不放心她，两人因而起了很多纠纷，最终导致了离婚。

不仅如此，爸爸也特别不喜欢菲菲把自己打扮得很漂亮。爸爸这样做，表面上的理由是，女孩子这么做是虚荣和轻浮。但菲菲潜意识中的认识是，爸爸与她相依为命，很害怕她太受欢迎而远离自己。菲菲作为女儿，和其他女孩一样，愿意向爸爸表达忠诚，所以无形中一直压抑自己的风采。

“那么，你的丈夫呢？你能确定他也有类似的心理吗？”我问她。她想了想，说多少也有。

对此，我解释说，即便你丈夫真的有这种心理，这里面也有很大的矛盾。是的，很多男人惧怕妻子不忠，为此会有意无意地向妻子施加压力，让妻子收敛其风采。

但是，假若妻子真这样做了，甚至还做得很成功很彻底，那么她很容易会收获一个恶果——她丈夫对她的兴趣日益下降，最终对她再无兴趣甚至抛弃她。

这种心理，就好像小孩子一样，一开始收获了一件迷人的礼物，非常爱惜，但礼物越来越破旧，最终被他扔在角落里。

所以，不管丈夫是怎样的心理，一个女子都应保持风采。这样一来，她的丈夫会有压力，但这压力会让他更用心去珍惜她。

同时，这个保持着自己风采的女子还可以让他相信，她对爱情是忠诚的，她既可以风采照人又能保持对爱的忠诚，美貌与忠诚并不是一对矛盾。

菲菲说，她接受这个道理。她之所以压抑自己的风采，是因为她将这两点视为不可调和的矛盾。她相信，她从现在起可以学习一边找回那个 23 岁女孩的风采，一边让自己和丈夫相信爱的忠贞。

这是一个稍稍长远的目标了。更现实的一个启发是，菲菲说，通过这个梦，她愈加明白，她原来之所以如此迫切地想要和丈夫离婚，一个重要原因是推卸自毁的责任，而一旦将这个责任承担起来，离婚一事似乎就不是那么迫切了。

3 岁儿子的白头发

〔不要试图回避逝者〕

梦者：阿颖，30 多岁，有一个 3 岁的儿子，叫丁丁。

梦境：丁丁的头发全白了，我带着他四处求医，但都医不好。后来，我遇到一个老太太，她的头发是黑的。她说，她能治好我儿子的白头发。于是，我请她过来医治。

非常神奇，她用手摸了我儿子的头一下，就在那一瞬间，我儿子的头发恢复了黑色，老太太的头发却变成了白色。

我很惊讶，也很感激，问该怎样感谢她。她回答说："就寄 1000 块钱吧！"然后，她就消失了。

分析

这是一个有启示性的梦，它是在警示这个妈妈。

这是我听完这个梦后形成的清晰的感觉，但我感觉不到，它到底要启发哪一方面。不过，那个老太太显然是最重要的。于是，我问阿颖，她的家族中有哪个重要的女性长辈是意外死去的。

阿颖想了好久，最后说是她的妈妈。在她两岁时，妈妈因病去世。后来，爸爸再婚，后妈对她很好，完全把她当亲女儿来养。

这是解这个梦的钥匙。很小的时候失去妈妈，这么重要的事情，阿颖想了好久才说了出来，显然这是一件被她藏在内心深处的、不愿意去碰触的重度创伤事件。

我问阿颖，她还记得妈妈是什么样子吗？她说完全不记得了。并且，她认为这件事情应该不是太重要，因为后妈对她非常好。

“那么，会不会因为后妈这么好，当怀念亲妈的时候，你会产生一种负罪感？”我问她。

阿颖承认有这种感觉。所以，为了回报后妈的爱，她会做一些努力，以忘却亲妈。

这是很多人都会做的事情。毕竟，逝者已逝，活着的人却每天为我们付出爱，给予照顾，所以，为了回报活着的人的爱，也为了表达对活着的人的忠诚，我们会不由自主地试图忘却逝者。

从心理学的角度来讲，任何事情一旦发生，都不会被忘记，我们最多只能将其压抑到潜意识之中。

那些重要的事情，尤其如此。我们不管付出多么大的努力去忘记，那些重要的事情实际上仍然在我们心中占据着重要的地位，并通过潜意识对我们的生活发挥重大的作用，就好像由此而证明，这些事情仍然存在着。

阿颖的妈妈，也一样是“仍然存在着”，并不会因为阿颖及家人的努力忘记而从这个家中自然消失。只不过，这种存在，是通过阿颖的儿子丁丁表达了出来。

按照海灵格的说法，就是晚辈认同了一些被刻意遗忘的长者，以此来维持这个家族原有系统的平衡。

具体说来就是，丁丁有些地方表现得像是一个老人，而不是一个 3 岁小孩子的样子。这是潜意识完成的过程。尽管他一直将妈妈的后妈当作外婆，根本就不知道还有一个亲外婆。

海灵格发现，小孩子天生有做父母的“保护神”的冲动，并且小孩子的直觉非常灵敏，他们可以敏锐地捕捉到父母的一些“心理黑洞”，然后去做一些事情，以填补这些黑洞。

具体到这个案例，就是丁丁捕捉到了妈妈的“心理黑洞”，那就是妈妈很小的时候就失去了她的妈妈。这一定是非常痛苦的事情，虽然现在谈起来，阿颖好像一点都不为此而痛苦，其实是痛苦被藏到了潜意识之中。不需要妈妈说什么，丁丁就可以感触到妈妈的这种痛苦，并且会做一些事情，以填补妈妈的这个“心理黑洞”。

他会做一些什么样的事情呢？就是，有些地方变得不像是一个 3 岁小孩，而是很像大人，其实就是很像是阿颖的妈妈。

孩子这样做，当然不对劲儿。阿颖感觉到，丁丁最近几个月来是有些地方不对劲儿，但她不知道，这到底是怎么一回事。

所以，就有了这个梦，梦以“3 岁儿子头发全白”的方式告诉她，丁丁认同了一个老奶奶，而只有这个老奶奶才可以把丁丁不对劲儿的地方改过来。

并且，梦还告诉了找到这个老奶奶的方法——“就寄 1000 块钱吧”。

寄，可能是“祭”。“寄1000块钱”，可能是“祭1000块钱”。

梦里，“寄”，可以让丁丁变回黑头发。现实中，“祭”，可以让丁丁重新做回小孩。不过，这是通过一个复杂的过程完成的。

具体就是，阿颖通过祭奠妈妈，在心里重新给了妈妈一个位置。阿颖的整个家庭，通过祭奠阿颖的妈妈，在家族中重新给她留了一个位置。这样一来，阿颖那个藏在潜意识深处的“心理黑洞”就见了阳光，而不再是一种不能碰触的痛苦。虽然，丁丁仍然不可避免地想做妈妈的“保护神”的角色，但妈妈已经不需要这方面的保护。丁丁会重新回到小孩的位置上，不再为妈妈的心理缺失而焦虑、痛苦并改变自己。

后来，阿颖听了我的建议，去做了祭奠。不过，最初她是让她的爸爸带着丁丁去她妈妈坟前做的祭奠。其实丁丁做不做祭奠，应该不是太重要，重要的是阿颖自己带着感情去做祭奠。只有她通过祭奠的方式给妈妈在心里留一个位置，丁丁才会回到自己的位置上。

接下来，阿颖自己去了妈妈的墓地，带着感情做了祭奠。以前，她其实也会在妈妈的忌日和一些重要的节日去妈妈墓地，但没有一次是带着感情去的。

此外，她还听了我的建议，让爸爸给她讲了很多关于妈妈的事情。这样一来，妈妈对阿颖来说就不再是一个抽象的词汇，不再是深藏在潜意识深处的一个形象，而是活生生的、可以感知、可以爱的形象。

做了这些事情后，丁丁发生了一些改变。以前的几个月中，他很容易出现莫名其妙的焦虑，性子越来越急，有时候会拿头碰墙。现在，这些迹象都少了不少。可以预料，随着阿颖对妈妈的认同越来越多，丁丁慢慢会做回他自己。这可能就是梦中“白头发重新变回黑头发”的启示。

房子里很乱

〔恢复内心的秩序〕

梦者：Lily，女，38 岁。

梦境：我的家里在装修，很乱，我的心里有些烦。

分析

这是一个很简单的梦，不过，它有一个很棒的引子。

Lily 是我在广州莲花山上催眠课时的同学，她做这个梦的前一天上午，给我们上课的世界顶级催眠大师斯蒂芬·吉利根老师讲了一个故事。

法国一个男孩，8 岁的时候和同学在教室里打闹，不经意摔了一跤，两只眼睛碰到尖锐物，双双失明。

对于一个 8 岁的孩子来说，这是何等残酷的意外。然而，这个男孩却很快就接受了这一事实。当医生说，你会终生失明时，他反而有一种奇特的感觉，好像自己正处在一个光明的世界里。这个世界充满能量，当他调整自己的频道“听”到这能量时，一个光明的世界在他面前展开，他似乎还可以听到别人的内心世界。

这个男孩成长为一个青年时，赶上了纳粹德国侵占法国。他和另外三个青年参与创办了一个反纳粹组织，成员最多时有一万五千余人。他的一个重要工作是面试想加入的成员，以防止间谍的闯入。

面试时，他只是坐在那里，去“听”那能量，以此来判断对方是否合适。

一直以来，他总是对的，只有一次错了。那次，时间很紧张，而对方又是他们中的一个人的好朋友。他开始使用头脑来做判断，对自己说，这个人应该是没有问题的，但他感觉到，能量场中有一块很黑的地方。尽管如此，他还是想，这个人就算有点问题，总归还是可以信任的。最终，他同意吸收这个人进入他们的组织。

很不幸的事情发生了，这个人果真是间谍，他出卖了整个组织，大部分人被抓并被送进集中营，不少人死在集中营里，但这个负责面试的青年生还了。

二战后，这个青年成为一名作家，在一所大学教授文学，并写了自传。在自传中，他一再强调，我们每个人的内在都有光明，而我们的欲念和思维把我们卡住，让我们远离了这内在的光明。也许因为失明的原因，他比普通人更容易碰触到这内在的光明，但有的时候，光明会黯淡下来，甚至几乎要消失了。

在他的家中，如果他让自己自信地行走，毫不犹豫地投入，那样失明对他没有任何阻碍，他能“看”见家中一切事物。但是，如果他走神了，譬如走在房间里，却想着锁里的钥匙，想它是有敌意的，那么每一次他都会被伤到。

在自传中，他写道：

当我的心平和时，无论走在家里什么地方，我在前一刻就会知道，房间里的东西在哪里。但如果我生气了，不管生气的缘由是什么，家里所有的东西好像比我还气，会在最不可思议的角落里躲起来，像乌龟一样躲起来，像疯子一样野起来，这时我会不知道我的手和脚该放在哪里，并且很容易就会碰到东西。

我学会，不嫉妒、不友善，因为一旦如此，就会有一条绷带封住我的“双眼”，突然有一个黑洞在我周围打开，我只能无助地待在里面。

…………

有了这个工具（内在的光明的指引），我为什么还去在乎规范？我还需要红绿灯吗？我只需要信任那个光明的所在，它会教我怎么生活。

这是一个很动人的故事。吉利根老师在讲这个故事前，先集中讲了他的老师米尔顿·艾瑞克森的生命奇迹。这两个故事的类似之处是，故事的主人公都遭受了命运的无情打击，但他们并没有抱怨自己失去的一切，而是由衷感谢自己所拥有的，最终他们开启了生命的广阔空间。对此，吉利根老师描绘说：“任何发生在你身上的事情，是一个机会，是一件礼物。有一些礼物非常可怕，即便是你的敌人都不愿意给你，但当它发生后，请接受它。一旦接受，它就是一个礼物。”

这个故事中，吉利根老师着力讲了男主人公在自家房间里的故事。之后 Lily 便梦见了自家房间装修的故事，显然是法国男孩的故事引起了她的共鸣和反思。

房间，可以理解为心或自我结构，Lily 梦中的房间正在装修，其寓意是 Lily 认为自己需要成长，而且是主动地成长。

Lily 上了很多课程，这次的催眠课只是其中之一。她说，她上课的目的是想更好地帮助别人。但这个梦或许是在提醒她，她上这些课更重要的是“装修自己”。

房间很乱，这或许有双重含义：Lily 的内心有点乱，Lily 的“家”，也即重要的亲密关系中有些麻烦。通常，当一个人内心有点乱的时候，很容易找到外在的理由，觉得是别人，譬如配偶和孩子令自己心乱。然而，法国男孩的故事很经典地显示，当你在一个房间里迷失时，不是因为房间自身，而是因为自己的心先迷失在愤怒、嫉妒或不友善中了。

考虑到这个故事和 Lily 的梦的紧密联系，可以说，这个梦是在提示 Lily，你感觉到乱，首先是你的心乱了，很可能是你先愤怒了。你的心失去了秩序，于是外面的世界——家也失去了秩序。

怎样才能恢复这个秩序呢？

可以通过“装修”，将“家”修饰成自己所希望的样子，这是我们的意识喜欢做的事情。也可以向法国男孩学习，学习相信内在的光明的指引，学习把自己像这个男孩一样交给自己内在的灵性，让它指引自己，它可能会将自己带向和自己意识所希望的方向，但也很可能不是，这时她要听从于它。

如果不这样做，而仍然执着于自己意识层面的希望，那么就会像法国男孩招募那个间谍一样，就像他在房间里行走一样，会“摔跤”。

有人放毒气

〔尊重自己的感觉〕

梦者：阿诚，男，34 岁，企业培训师。

梦境：1. 一个很大的房子里，有几十人躺着，突然一阵白烟升起，有人晕倒，旁边人大喊：“不好，有人放毒气！”

房子里一片混乱，人们向外冲去，门口有两个警察，逐一盘查试图出来的人们。

最后，房间里剩下两个外国人没走，肯定是他们干的了。不过，他们好像没有一点恶意。

2. 一座大山上，有一座寺庙，庙里在卖衣服，衣服很漂亮，我很喜欢。但衣服太便宜了，我隐隐有些担心，这是好衣服吗？

分析

这是我在广州莲花山上学催眠时听到的两个梦。

这两个梦都是我同学阿诚在学习期间做的，他百思不得其解，不知道这两个梦是什么意思。

我忍不住笑了起来，因为梦中的寓意实在是太明显了。第一个梦的寓意有趣至极。梦中的那两个外国人，应该就是那几天教我们的两个老师，一个是教催眠的吉利根老师，一个是给吉利根老师做助教的Jorg。

Jorg是德国人，在武当山上待了7年，从16岁起就一直在练气功，所以他在这几天的早上会教我们气功。

阿诚上课的时候很认真，言谈中也非常“催眠”，对催眠、对吉利根老师非常推崇。但第一个梦显示，他的内心深处其实还不相信催眠。他的潜意识在某个层次上认为吉利根老师和Jorg是在“放毒气”，是把大家给迷晕的。

这个梦的梦境和我们上课的环境很像，我们约80人，在一个大房子里学催眠，每天上午和下午都至少有一次学员间的练习，练习前吉利根老师会做示范，给一个学员做催眠。每次吉利根老师都能令学员进入深深的且非常舒服的催眠状态，而练习中也常有人会被自己的拍档催眠。这些情境丝丝入扣地一一对应了阿诚的梦，如几十人在一个大房子里“睡觉”，突然有人“晕倒”，而这些催眠结果则被他的潜意识视为“外国人放毒气”的迷惑所致。

不过，他对催眠的怀疑应是浅层潜意识上，而深层潜意识的感觉，当是梦中最后的感觉——那两个外国人好像没有一点恶意。

可以说，第一个梦是告诉阿诚，他意识上对催眠和吉利根老师的接受，是表面上的，甚至可以说是一种表现：别人都显得能进入深深的催眠状态，我也不能落后。这就是一种比较心了，而且意识和潜意识发生了一定程度的分裂，意识的“我”和真我有了一定距离。

阿诚的第二个梦虽然很简单，但一样十足有趣。这个梦也揭示了他意识层面的比较心，那些衣服非常漂亮，只是因为价格便宜，他就开始怀疑衣服的价值了。可以说，他容易被外在的标准影响，较难根据自己单纯的感觉接纳一件事物的自身价值。

这和吉利根老师的催眠课也大有关系。阿诚做这个梦的前一天，吉利根老师做了一个小调查，问我们谁有过那种极度的喜悦时刻。

我举了自己的例子，一次在南澳岛看海上日出时的震撼与喜悦。另一个故事更加引人入胜，一个女学员说，有一段时间，她辞职在家。一天早上，她起床后先练瑜伽，没感觉，接着想跳双人舞，但家中只有她一个人。失望之余，她突然想，为什么不能和自己起舞呢？随即，她开始起舞。在这次的舞蹈中，她第一次深深地感觉到，身体内还有一个更真实的自己，她可以和这个内在的自我融合。舞蹈结束后，她感觉到一种前所未有的喜悦和安宁。

对此，吉利根老师说，你们看到了，最快乐的事情都可以不用花钱，很便宜的。

看来，这个情节被阿诚吸纳到自己的第二个梦中了。梦或许是在提醒他：你其实也可以有很多这样的时刻，只要你能够不被外在价格迷惑，而单纯地去接受一个事物的本真。

或许，也可以说，在这几天的催眠课上，阿诚也有过深深的催眠状态。但他这时往往会加上一个评价：“来得这么容易，这是真的吗？”这种评价会让他不能全然地沉浸在催眠时刻。

这两个梦看似是一对相互矛盾的梦，而这种矛盾或是在提醒他：你要忠实于自己的体验，你的体验是什么，就接受这一程度的体验，不必拔高，也不必怀疑或贬低。

第一个梦，显示他有时会拔高自己的体验。有些时刻，他并未进入到催眠状态中。当没有这体验产生时，他对催眠和吉利根老师有些不信服，这是很自然的结果。但吉利根老师大名鼎鼎，而身边又有那么多人进入到很深、很美的催眠状态中，自己怎么会这样呢?！于是，向权威和向团体的认同心和比较心会令他表现出很深入其中的样子。但梦提醒他，他的表层潜意识其实是觉得吉利根老师在装神弄鬼；同时，他更深一层的潜意识，已经相信了吉利根老师和Jorg是没有恶意的。

第二个梦，显示他有时会贬低自己的体验。有些时刻，他不需努力，就可以体验到深深的喜悦，或进入很美的催眠状态中，但他觉得这太容易了，“不对，只有花了很大价钱弄来的东西才有价值”。

总之，这对矛盾的梦中藏着同样的寓意：尊重你的感觉。

篮球竞技场

〔信任自己的力量〕

梦者：阿杰，我的男性来访者，广州人，约 30 岁，IT 工程师。

梦境：在奶奶家，爸爸叫我去打篮球。奶奶家在一个省会城市，有一个小小的后院。但梦中的院子很大，有一个地道的篮球场。

我们走到后院，我投篮，但力气小，投不进去。姨妈在旁边说：真笨！说得我很自卑。

不过，走了走我才发现，刚才投篮时，我还没到中场，那么远，当然投不进去。

继续向前走，到了三分线下。这时，篮下已有很多人，他们打球很脏，爸爸挤到了篮下，抢了一个篮板球，并迅速传给我。传球时，我看到爸爸的眼神有一点无助。

我预感到爸爸会传球给我，所以顺利地接到篮球，向前，转身背打，后面有人拉我衣服。我喊：犯规！旁边有人支持我，跟着我对那个人说：你犯规！

篮下还出现一群小孩，他们完全不守规矩，有两三个拽住了我的衣服。我带着他们跳起来，非常有把握地投篮，一个漂亮的空心入网！真爽！

小孩们还在捣乱，我严厉训斥他们，他们委屈地哭了，让我有点内疚。

分析

作为一名 IT 工程师，阿杰是一个典型宅男，人际关系简单，恋爱被动，对工作很专注，爱好偏少。不过，他篮球打得不错，在单位里小有名气。

阿杰说，他初中时开始打篮球，菜鸟时就发现自己弹跳力好，在同学中是跳得最高的，而且身高也不差。另外，他很擅长抢篮板，卡位很好，总能抢到一些匪夷所思的篮板球。那时，就会赢来许多惊叹加赞誉的目光，让他感觉非常好。

高中时，球友中比他高的人多了起来，他的身高不再有优势，不过，强壮的身体和卡位意识，让他还是抢篮板球的高手。

对于抢篮板球，他说："我在篮下特别执着，一心想着抢篮板，那时注意力高度集中，其他什么都不管了。我常常觉得纳闷，为什么别人都抢不着呢？"

到了大学后，他发现自己不再硬朗，软了下来。这让他很纳闷，不过回头看就明白了。中学时，学校都是省级重点中学，特别重视学习，同学们身体素质一般，虽然高中时身高不再有优势，但他的身体还是很强壮。进入大学后，学习之余同学们有更多的体育活动，智商优势变成了肌肉优势，球友们变强了很多，不仅身体强，意识也特别强，“感觉他们就跟狼似的”。

很多男性喜欢竞争性的环境，但他不是，面对身体和气势都强大的球友，他觉得自己不自觉地变成了退缩的小孩，“我像小朋友一样，这是好听的说法，难听一点就是，面对强大的雄性伙伴，我‘阳痿’了”。

◈ 梦主要反映了他与男性的关系

“阳痿”，是一个关键性的词汇，是理解他的梦之钥匙。

他的梦，分为两部分。

第一部分，是梦一开始，他还没到球场中间时就开始投篮，不中，还遭到了姨妈的嘲讽。

第二部分，是重点，是他和父亲、男性伙伴、小男孩们，一起打篮球。

可以说，第一部分反映的是他和女性的关系。梦中的姨妈是一个代表，反映的既是他与姨妈的关系，也是他与妈妈、妻子等女性的关系。他说，的确，姨妈对他的嘲讽，那种感觉也贯穿在他与其他女性的关系中。她们照顾他、呵护他、疼爱他，但纯粹把他当小孩看，同时也很容易嘲讽他。

第二部分反映的则是他与男性的关系。不过，是他现在与男性的关系，而不是他一直以来与男性的关系。

过去，他与男性，特别是男性权威的关系，更像是他大学时与球友的关系，对方是有狼性的雄性长辈，而他是一个退缩的小孩。

经过一年多的咨询，现在他的内心世界发生了很大变化，与外部世界的关系也变化很大，其中一点就是与男性关系模式的转变。

和多数家庭一样，阿杰童年时与母亲的关系过于亲密，而与父亲的关系过于疏远。母亲像老母鸡护小鸡一样庇护着他，但也将他的世界锁在狭窄的母亲世界中。相反，父亲对他就像是不存在一样，只会在管教他的时候出现，其他的时候父亲都忙于自己的工作。

母亲，对孩子的基本心理的建构是决定性的。但父亲同样具有至关重要的作用，其中一个最基本的作用是，父亲介入到母子关系中，可以将孩子的世界撑开，并且，将孩子带到更宽广的世界。如果父亲缺位，那么孩子的内心就容易塌陷在母亲的世界中。而通常，母亲的世界是比较狭窄的，这最终会影响孩子，特别是男孩，进入到雄性世界之后的表现。

阿杰正是如此。他能很好地与女性建立基本信任的关系，但他在与男性的交往上存在着重大障碍。他惧怕男性权威，惧怕与男性权威竞争，总觉得他们根本就看不起自己。于是，他在与男性相处时，很容易就照搬了与妈妈的关系模式，不自觉地扮演成一个小孩，并无意识地想激发他们的母性因素，让他们扮演照顾自己的角色。

他的这种无意识策略，对有母性的女性很容易奏效，对有母性的男性也比较容易奏效，但对于雄性十足的男性就无效，因为真正的雄性是不怎么乐意做一个照顾者的。偶尔有兴趣，也往往是雄性狮子与小狮子玩耍一下，或者攻击一下。

然而，他只熟悉了被照顾的感觉，当感觉被攻击时他会很紧张。而越是紧张，就越容易照搬我们的无意识最熟悉的策略，对他来讲，就是做一个更乖的小孩，而这会让他在球场上更加无所适从。

◈ 他终于能在爸爸面前展示男性力量

经过一年的心理咨询，阿杰对这一切认识越来越深，并逐渐有了改善。

譬如，在公司里打篮球时，一位领导经常挤对他，嘲笑他技术不行，打得太软。

以前，一碰到有男性权威这样对他，他就更“阳痿”，变得更畏首畏尾，但现在他不会这样了。一次打篮球时，那位领导又这样对他。突然间，他看到了自己内心的怒火在燃烧，随即他爆发了，他又成了那个最擅长弹跳的灌篮高手，抢断、过人、投篮、抢篮板……无所不能。并且，他也将怒火燃向那位领导，用强壮的身体压制他……

结果，那一个下午，他就像是篮球场的“神”。并且，他与那位领导的关系也变好了。那领导特意过来对他说：小伙子，你真行啊！下次还这样！

这不难理解，雄性动物之间常常是不打不相识。在激烈的对抗中将彼此的雄性力量激发出来，这会让双方都有很好的感觉。

他与父亲的关系也有了变化。

过去，父亲总是否定他，觉得他的一切想法和选择都是错的，不自觉地要控制他的一切，而他自己也总觉得父亲太厉害了，他遥不可及。在精强能干的父亲面前，他简直就是个不可救药的蠢货！

但现在，当父亲对他的事有建议，甚至想为他做决定时，阿杰会很自然地先思考一下该怎么办。这样做时，他发现自己一点都不蠢，而父亲也并不高明。事实上，在他自己的事情上，当与父亲的意见发生冲突时，百分之七八十的时候，他自己的选择更合理。

这也是梦中的感觉。在篮球竞技场上，在雄性世界中，他更有力量，而父亲给他传球时，他从父亲的眼神中看到了一丝无助。

父亲不再是遥不可及的神，而他自己似乎更有雄性的力量。这是大多数男性都必然要经历的一个阶段，他们由此超越父亲，进入雄性世界的竞技场。

然而，如果只有这一部分，那么一个男孩就会觉得，雄性世界就只是弱肉强食的丛林世界，完全是力量和残酷说了算。

所以，重要的是，父亲怀着爱，陪伴儿子进入到雄性的世界。

与此相对应的是，梦中父亲邀请阿杰打篮球，并且带他与其他男性一起竞争。若童年时多一些这样的时刻，那该多好！

这个梦，若引申一下，也可以理解为是我与他的关系的展现。作为一名男性咨询师，我在阿杰的眼里是权威，他对我特别尊崇，而他则扮演一个很乖的学生。

在最初半年中，我与他的关系一直是这种模式，他在一定程度上将我变成照顾者，而他是渴望被照顾的小孩。

我部分满足了他的这种渴望，但更多的时候，我引导他用自己的力量去寻找答案。并且，他也逐渐发现，很多时候他才是那个正确的人。由此，他看到我的虚弱，而对自己的力量越来越信任。最终，他找到了靠自己的力量打球的美妙感觉。

靠自己的力量打球，这是最美的生命感觉之一。

不敢捞唾手可得的鱼

〔让活力在关系中流动〕

梦者：杨女士，40 多岁，私企老板，单身。

梦境：我走在一个水坝上，水略略漫过了堤坝，一条鲜鱼躺在堤坝上，它被割了三刀，就好像有人要烹调它而割了三个口子，好在那里放作料。

我感觉，像是有人要给我这条拿来就可以烹调的鱼。但我想，天上不会掉馅饼，这条鱼肯定有问题。于是，我没有拿它，而是从它旁边走过去了。

分析

杨女士堪为成功人士，她有自己的公司，经营已十多年，是热门行业，淘了不少金。

但她的身上，看不到一丝一毫的成功人士的派头。她衣着土气。这还不算，她的神情，她的皮肤，都让我想到枯木头。

木头本来已比较僵硬了，更严重的是，水分仿佛也正从她身上流失，她的身体正日益干瘪。

可以说，她的生命力正在全面枯萎，身体僵硬，神情呆板，皮肤也失去了光泽。

她成为这个样子，有一个最直观的原因：没成家，没孩子，一次恋爱都未谈过。

40 多岁都未谈过一次恋爱，是一件很严重的事。

恋爱，可激活一个人的生命力。不过，要恋爱，必须生出对爱的渴求。那些童年受伤太重的人，不敢生出爱的渴求，因为，一生出这份渴求，就会被深深的悲伤与绝望侵袭。所以，一些人终其一生都不敢恋爱一次。因而，他们生命中很大的一份活力就不会被激发出来，其生命就容易早衰。

可以说，生命力，或活力，对我们来说，就像水分对花草树木一样。从未恋爱过的人，就是切断了情感的河流，一如树木失去水分，最终失去生命力。

杨女士知道，从未谈过恋爱，是她生命力日益枯萎的一个原因，但她说，从未有男人对她产生爱慕，又谈何恋爱？

说这番话时，她不好意思地笑笑，也只是微微地苦笑一下，好像外在的脸和内在的心，都起不了什么波澜了。

不过，随着咨询的进展，我们谈话越来越深。她发现，并不是男人从未爱慕过她，而是她忽略了他们发出的求爱信号。

大学时、工作时，有同学或同事对她发出过求爱信号，而且还有男人多年内一直对她表达好感，只是被她理解为友谊了。

为何会有这种误解？

思考这个问题时，杨女士想起了她常做的一类梦。

譬如，本文一开始提到的梦。

譬如，一次她梦到一池塘的鱼，也是很肥，但懒懒的都不游动，让她觉得都是“病鱼”。

譬如，还有一次，她梦到走在一个湖中的一座浮桥上，湖里的鱼跳起来，湖里的乌龟努力立起来，要咬她的手指，让她害怕。

…………

想到对男人的误解与这些梦，她若有所思地说：“鱼，难道就是男人，就是爱情？而我总觉得，我遇到的男人都是病鱼。所以，虽然唾手可得，但我还是选择了远离他们。并且，当他们有活力，主动靠近我时，我觉得他们要攻击我，让我更害怕。”

这种解释，听起来非常靠谱。

由这个梦，她又想到了一件匪夷所思的事。那是她读小学时，她去田里，看到前方路中间卧着一只白色的兔子。她脱下外衣，悄悄靠近，一下子用衣服将它扣住。

兔子的动作本是非常灵活的，所以有“动如脱兔”这种成语，但她竟然那么轻易地捉到了这只兔子。

甚至，她感觉，它都没有挣扎。

捉到的那一刻，她有一点兴奋，但这兴奋一闪而逝。随即，她想：兔子这么灵活的动物这么轻易被我捉住了，它肯定是病了吧。于是，她掀开衣服，想检查一下。

掀开衣服的那一刹那，她有些恍惚，而白兔一下子挣脱，逃走了。

这件事对她刺激很大，那时她就想，难道是老天派一只兔子，先让她轻松捉住再让它逃跑，用这种戏剧性的方式告诉她些什么吗?

后来，当她第一次听到“天启”这个词时，立即又想起了这件事。她想，这就是天启吧。但她一直没想明白，这到底要启发她什么。

这件事是她生命中最深刻的回忆。在我看来，任何人记忆最深的那一件事，即是这个人命运的浓缩。或者说，是生命的隐喻。若能堪破它，就能读懂自己的命运。

若这一点成立，那么这次“天启”，是要启发她什么呢?

其实，事实已非常清楚，那就是，她有太多机遇，她身边有太多人都可能和她构建亲密关系，但她错过了，与他们擦肩而过。错过的关键，是她怀疑他们是病鱼。

然而，所谓病鱼，更可能是一种误解。正如，那只白兔，是很健康的，却被怀疑是病了，结果得而复失。

为什么会这样?

最表面的理解是，她不相信“天上掉馅饼”，即她不相信会有好运自动降临到她头上。

深一层的理解是，“馅饼”即爱。也就是说，她不相信爱会自动降临到她头上。她必须要主动去争取爱。但是，她又自卑到极点，根本没有心力去对异性表达爱。所以，既然爱不会自动降临，而她又不会努力争取，那么，爱就绝对不会发生。

这里说的爱，既是男欢女爱，更是父母等亲人给孩子的爱。实际上，一个人对男欢女爱的信心，都是来自童年时父母等养育者给他们爱的多少。若多，就有信心；若少，信心就少；若严重欠缺，信心甚至会接近零。

像枯木一样的杨女士，她的家中有许多兄弟姐妹，而她排行中间，自然而然成了父母最忽视的那个孩子。

复杂一点的理解是，其实她是一条安静的鱼。她知道自己这条安静的鱼是病鱼，这种病鱼没有人会去爱。所以，她将其他安静的鱼视为病鱼，认为这样的鱼不值得爱。

病鱼，也是一个很深的隐喻。

一段时间，在咨询中，和杨女士常陷入无话可说的境地。生活中，她也的确是那种很不容易发起话题的人，她会觉得自己发起的话题都没意思。

结果，那段时间，咨询常常会这样开始：她一进来坐下，我们俩面面相觑，我等待着她发起话题，而她将球传给我说："武老师，你想说点什么？"

许多看起来不够有意思的来访者，也有这样的现象，他们难以发起话题，于是会在咨询一开始说：武老师，你觉得咱们该说点什么？

这种现象的发生都是因为，来访者觉得他们的话题没意思、没意义，不值得谈。这种心理是自我价值感低的一个表现。其实，他们的任何一件事，只要能搅动他们的心，都是有意义的。

一次咨询中，杨女士又将球传给我，说："武老师，你想说点什么？"

我建议她闭上眼睛，安静下来。我也一样，我们就这样安静地待着，看看会发生什么。

闭上眼睛时，我也常常能感觉到来访者的情绪变化，并根据我自己的感觉进行调整，看看是睁开眼睛还是继续闭着。

最初，我的头脑是混乱的、没有头绪，昏昏欲睡。突然间，我头脑清醒过来，有股浓烈的情绪从身体里升起，有悲伤，也有巨大的愤怒。

于是，我睁开眼睛，看到她的眼泪哗哗地流下来。她继续闭着眼睛，就这样流泪流了十多分钟。

她眼泪基本停止的时候，我请她睁开眼睛，问她发生了什么。她讲到了生活中一件让她极其愤怒的事情。

我有些惊讶地问她，这是一件多么重大的事啊，为何你会觉得这件事都不值得谈，而要我发起话题呢？

她想了想，说有两个原因。

第一，她总觉得，她的任何事情，不管多么生死攸关，对别人来说都是不值一提的。这是她极其缺乏被关注与爱的童年所形成的生命体验。

第二，她觉得，悲伤和愤怒都是很不好的情绪，她不希望别人拿这些负面情绪影响她，她也不想拿这些负面情绪影响别人，而这次她不想影响我。

这就是病鱼的隐喻。在她看来，一个人只要有不好的情绪，就是病鱼。但这个世界上，每个人都有种种负面情绪。负面情绪，和所谓的正面情绪一样，都是活力之河的河水。假若我们切断了负面情绪的流动，我们也就切断了正面情绪的流动，最终，整条活力之河，日益干涸。

她不想要别人的负面情绪影响她，于是，她就切断了与想和她联系的人的联系。

她不想自己的负面情绪影响别人，于是，她也断掉了和自己所渴望的人的联系。

最终，她成了孤家寡人。

那些童年太孤独的人，都容易形成这种心理机制：我必须成为一个没有负面情绪的很好的人，我才是值得交往的人；同样，我也只交往有正能量的人。

这是一种偏执、一种分裂、一种二元对立，它终会将我们变成日益僵硬甚至干枯的人。

所以，杨女士以及我们每个人，都要学着允许别人是病鱼，也允许自己是病鱼，学习接纳自己和对方的所谓负面情绪。如此，才能帮助我们建立情感链接，让活力不仅在我们体内流动，也在关系中流动。

Part 2

尊重梦，人生的危机就是转机

心灵与梦一起成长

梦是一个光怪陆离、支离破碎的世界，我们因而将梦视为异己。

然而，一旦对梦有了理解，你会发现，梦其实是一个有迹可循，甚至稳定连续的世界。

许多人会做同一个主题的梦，甚至重复做一模一样的梦。

这些频繁出现的梦境，必然有着重要的意义。假若你学会了与梦沟通，学会了聆听你内心深处的声音，那么你会发现，这些原本看来僵化的、刻板重复的梦境，忽然有了变化，有了成长。

同时，你的心灵也在成长。

我们生命的三分之一的时间在睡觉，这岂不是极大的浪费?

申荷永老师不赞同这一观点，他说:“上帝不会让你浪费三分之一的时间的，他会让你做梦。”

梦是什么?

作为知名的荣格派的心理学家，申荷永老师说，梦是通向无意识的通道，“我一向认为，梦一定是积极的、补偿性的、具有保护作用的。可以说，梦必然是来帮助你的”。

大多数人的意识和潜意识都处于严重的分裂状态，这是这个世界总是陷入分裂状态——譬如战争和冲突——的根本原因，也是无数个人的生活总是陷入分裂状态的根本原因。

“最危险的东西来自人心，”申荷永老师说，“这不是因为人性恶，而是因为我们对内心所知甚少。”

心灵和谐的要义在于真实，而只有一颗单纯的心才能捕捉到真实。但是，我们习惯了从规则中寻找答案，习惯了用理性和头脑去寻找答案，于是离自己的内心越来越远。最终，我们会变得非常麻木，活得越来越不真实，心灵也因而越来越不和谐，并且内心的不和谐一定会体现在自己与别人的生活中，结果是内心的不和谐导致了家庭、社会乃至世界的不和谐。

不过，不管内心有多麻木，我们至少还有一个途径可以通达真实，这就是梦。

申荷永老师说，梦一直在做最大的努力，试图告诉我们真实的信息，关键就在于我们能不能听到。

梦一开始会有些伪装，它必须如此，因为麻木的我们没有做好准备接受真实的信息。

如果我们准备好了，开始学会通过梦聆听内心深处的声音，那么梦的伪装会逐渐褪去，真实的信息最终会不带任何伪装地涌来。

由此，我们的心灵出现成长，走向和谐。

◈ 你敢不敢讲一个你的梦？

一天，申荷永老师和一个亲人A接待一个国外来的荣格派的心理学家D。A是一个军旅作家，但他不喜欢荣格的理论，认为过于神秘，也不喜欢解梦，觉得梦过于凌乱，根本不值得信任，申荷永老师和A辩论过多次，都说不服他。

他们两人带着D逛了一天后，晚上在宾馆休息时，申荷永老师对A半开玩笑地说："D解梦比我强多了，你敢不敢试试讲一个你的梦？"

"有什么不敢？"A回答说。他随即讲了自己最近做过的一个梦，梦境是他牵着一只羊走在一条水渠边的路上，这只羊在水渠里喝了点水，还闯进路边的白菜地吃了几口白菜。

A说得很简单，D一开始也没有追问细节，而是问A："这个梦让你联想到了什么？"

D这样讲，是想用弗洛伊德的自由联想法，引导着A最终领悟到梦的真意。

但A对解梦还是很有抵触，他说："这能想到什么？什么都没有想到！"

这时，申荷永老师对A说："你这个态度不好，你怎么会什么都没想到，你不就是属羊的！"

这句话说得A不好意思起来，他对D说："我是属羊的。"

作为外国人，D没有问A属羊是什么意思，而是继续问："羊在你前面还是后面？"

"前面。"

"它是自由的，还是有绳子牵着？"

"有绳子。"

"绳子有张力吗？"

"有，这只羊老闯来闯去的，我一直拉着它，它力气很大，我总拉不住。”

…………

对话一直这样进行下去，在 D 的引导下，A 逐渐一点一点地讲出了这个梦的所有细节。这时，怎么问问题并不重要，D 这样做，其实是要在此时此地还原 A 做梦时的感受。即，他要通过让 A 回忆梦中的所有细节，逐渐回到做梦时的气氛中去，其效果类似催眠。

这个方法达到了效果，A 越来越放松，越来越安静，他慢慢地讲出了一个关键细节：羊冲进白菜地，哇啦哇啦狂吃了一通白菜。

这时，A 在梦中产生了两种矛盾的感觉：一种是同情，觉得这只羊很可怜；一种是内疚，因为梦中 A 知道自己是军人，而军人是不能拿老百姓一针一线的，更不用说让羊到老百姓菜地里狂吃一通了，这是他不能接受的。

于是，A 也走进菜地，把羊抱了起来。

当讲述到这儿时，A 说，他现在还记得梦中的感觉，梦中他卷着袖子，所以上臂感受不到羊毛，但小臂紧挨着羊毛，羊毛很软。

“你能描述一下你现在的感受吗？”D 问 A。

“我觉得挺委屈的……挺难受的……”A 说到这时，眼中已有泪光。

“好，你不用说话，可以试着好好体会一下这种感受。”D 说。

A 安静地体会了一会儿后，这次对话结束了。D 始终没有要 A 来详细地讲述他的委屈感，不过申荷永老师知道 A 的委屈是什么。

他说，A 两岁的时候，被送给一个姨，因为这个姨没有孩子。

这种事情只考虑了大人的需求，而没考虑孩子的需求，这对A来说绝对是一个很大的创伤。

申荷永老师说，梦中的羊毫无疑问就是A自己，而梦中的委屈感是A多年以来的一个很重的心理内容，这种委屈其实是A对自己父母的不满："我什么都没做错，你们为什么不要我！"

作为作家，A的小说中一个最常见的主题是打抱不平。看起来，这打抱不平是对别人遭遇的不公正待遇的愤怒，其实首先反映的是A内心深处对自己遇到的不公正待遇的愤怒。简而言之，他是对自己父母有很大不满的，但这种不满他意识上不敢充分表达也不能坦然接受，于是把它压抑到潜意识中去。压抑并不等于消失，相反被压抑的内容一得到机会就会进行表达，尤其是一看到别人遭遇委屈他就特别不能接受，忍不住要表达在他的小说中。

这个梦很典型地说明了内在的冲突是如何表现到外部世界中去的。

申荷永老师回忆说，当时有好几分钟时间，A一直沉浸在自己的感觉中，最后说了一句："这个家伙水平还不错。"

这件事改变了A对解梦的态度。第二天一早，A主动向D讲了两个梦：

1. 他梦见自己换了房子，以前住的是小房子，现在换了一栋大房子。

2. 他梦见一批犯人，因为表现不错，被额外给了24小时的假释时间，官方还派了一批大学生来和他们联欢，但其中一个重犯因

为怕自己犯罪的秘密暴露，于是埋下了炸弹，想炸死和他联欢过的大学生。

第一个梦反映了 A 的心理成长，房子意味着他的心理容纳度，以前的房子小意味着他的度量小，换了大房子意味着他的度量变大了。

第二个梦则表明，不断地开放自己的内心并不容易。我们之所以压抑自己的很多心理内容，是因为我们认为它们很不好，或者说，它们是“坏我”。在 A 的梦中，它们就直接表现为罪犯。一批大学生来和罪犯联欢，意味着 A 的“好我”和“坏我”正在走向彼此接纳，这就是和谐。一般的“坏我”是可以比较快地和“好我”融合的，而最关键的“坏我”要做到这一点很难。所以，梦中的重犯才拒绝见光，甚至想把“好我”给彻底摧毁。

这是心灵成长的一个必然过程，会不断有融合，融合让我们变得更从容更宽容，但成长必然意味着，一些被我们严重压抑的东西会不断浮现出来，我们有时难免会被这些东西吓一跳。

同时，我们的心理容纳度也在不断增长。以前我们的度量小时，这些信息不能被我们的意识接受；现在我们度量大了，这些信息就可以被接受了。

申荷永老师说，后来 A 多次梦到他牵着羊走在水渠边的情境。梦境大致是一样的，而细节不断发生变化，以前的水渠是近乎干涸的，水很脏，水渠旁边的树叶子也是枯黄的。慢慢地，水渠中的水越来越多，越来越清澈，水渠旁的树的叶子也越来越绿。

这一切都意味着，A 的内心正在走向成长，走向和谐。

◈ 一个 6 年的梦促进我的成长

A 的故事显示，同一个情境的梦的细节变化是如何反映心灵成长的。还有很多梦，尽管梦境看似不同，其实都是关于同一个主题的，它们也可以反映，梦境变化与心灵成长是怎样呼应的。

回想起来，从 2001 年 6 月到 2007 年 5 月，我自己有一个系列的梦，可以很经典地反映梦境变化与心灵成长的呼应。

这个系列的梦可以分为三个阶段。

第一个阶段是 2001 年 6 月到 2004 年 3 月，我多次遭遇梦魇的袭击。只是纯粹的梦魇，没有梦，每次都是突然醒来，发现自己已不能动弹。

2001 年 6 月的一个晚上，是我平生第一次遭遇梦魇，当时住在一个有宗教色彩的房间里，醒来时非常恐慌，并发现自己不仅不能动弹，而且觉得床在剧烈抖动，弄得我以为自己遇到了什么灵异事件。后来一问别人，才知道原来梦魇中常有这种错觉的。

梦魇只出现了一次，我以为这只是一个偶然事件。但 2003 年有约 20 天时间，我频繁遭遇梦魇的袭击，都是没有梦境，一醒来就发现自己不能动弹，且极其恐慌，并感觉床在抖动。这种体验非常吓人，我急着醒来，但每次都要过一会儿身体才能动弹。此后，我会打开屋子里所有的灯，然后喝点东西，坐在阳台上发一会儿呆，再去睡觉。

这种努力显然没有效果，二十来天时间里，我差不多遭遇了十五六次梦魇的袭击，有时一个晚上会遭遇两次。结果，向来以不怕黑自得的我，忽然变得胆小起来。每次向别人讲起这样的经历，我都会自嘲地说："我发现了一个真理，人原来是年龄越大胆子越小的。"

2004年我也遭遇过两次梦魇，一样是极度恐慌，且没有梦境。

第二个阶段是2006年夏天，那一段时间在看海灵格的《谁在我家》，其中很多东西触动了我，于是看得非常投入，我分明感觉，就像前面提到的A的故事一样，如果说内心是一栋房子的话，我感觉自己这栋房子正在变大。

但一些吓人的东西随即也出来了。一天晚上，我再次遭遇梦魇，醒来后发现自己同样不能动弹。

本来我想，过去的梦魇又重演了，不过，醒来后我突然明白，事情已不一样了，因为之前没有梦，而这次有了梦，我是在做了一个噩梦后被惊醒的。

我明白，这已是一个进步了。

第三天晚上，我再次遭遇梦魇。这次一样是有梦的，并且很有趣的是，这次的梦就是上一次梦的继续，类似的场景，但梦的情节已很不一样了。

这一次的梦魇还是一个转折点。之前，每次遭遇梦魇，我都会在身体可以动弹后爬起来，打开灯，做点什么事情，等心情平静后再去睡觉。但这一次，我对自己说，好吧，我要看看，你究竟是什么。

于是，这次梦魇过去后，我仍然躺在床上，继续睡觉。很快，我睡着了。很快，梦魇再一次袭击我。

第二次梦魇过去后，我仍然躺在床上，继续入睡。睡着后，第三次梦魇很快再一次袭来。

…………

我连续遭遇了五六次梦魇的袭击。最后一次被梦魇袭击后，我知道，梦魇不会再来了，有些东西我已彻底明白。而且，有了这种感悟后，我觉得房间内的黑暗有了一种甜蜜的静谧。

第三个阶段是从 2006 年的夏天到 2007 年 5 月。这一阶段，我连续做了一系列的梦，都是同一个主题，而且情节引人入胜。每次都会从梦中惊醒，但不再有恐慌，每次我都感到，我距离某个真相更近了。

5 月的一个晚上，我做了一个极其关键的梦，这个梦的信息直接而简单，我醒来后犹如醍醐灌顶，自己生命中的许多谜团迎刃而解，我一直思考的人性中的一些重大问题也找到了答案。这既是我个人生活的答案，可能也是我国文化下所有人的一个重要答案。

这个梦之后，我又做过几次同一主题的梦，但并不重要了，因为它们只是在细节上对这个主题做了一些补充。

◎ 心越单纯，梦越神奇

这个系列的梦整整延续了 6 年，它的内容不断变化，而这种变化显然与我心灵成长的程度息息相关，甚至丝丝入扣，联系无比紧密。

我想，假若我不是一直在努力反省自己的人生，那么，第一个阶段的噩梦可能会持续一生，我会不断重复这种没有梦境只有极度恐慌的梦魇，最终可能成为一个惶惶不可终日的神经过敏的人。其实，之所以没有梦境，是因为我的防御太强了，我当时绝对不能接受这一信息，不仅意识上不能接受，甚至在梦中都不能接受。

同样的道理，如果我对梦不理不睬，那么尽管我非常努力地自省，可能我要花很长很长时间，都未必能悟到 2007 年 5 月的那个最关键的梦直接透露给我的答案。

即便你不愿意做深度的心理探讨，不在乎什么心灵成长，注意聆听梦所传递的声音也一样重要。

譬如，我们最常做的一个梦是牙齿松了或掉了。这个梦的含义很直接也很简单，即“你身上最坚固的零件都不坚固了”，这是在提醒你注意身体。如果你一直对这个信息不理不睬，那么它最终就会成为现实，当然，未必是你的牙齿掉了，而是你的身体垮了。

我们绝不能将梦只降格为“日有所思，夜有所梦”，甚至降格为睡觉时神经系统对外在环境的自然反映。譬如，梦魇的一种最常见的理解是，可能你的手压在心脏上了，这种原因可能会有，但我自己那么多次的梦魇，没有一次是这个原因。

梦不仅仅是个人内心世界的反映，也常是对他人、社会甚至世界的一些重要信息的反映。荣格曾梦见第一次世界大战的发生，申荷永老师则说，他在探访荣格的故居前，已事先梦到了荣格故居的很多细节。

如果你的心够单纯，够开放，那么你的梦中也会有一些所谓神奇的事发生。

我一个朋友前不久做了这样一个梦：

我回到农村老家，所有见到我的人都和我打招呼，因为我考上大学又在城市有很不错的工作，他们视我为荣耀，都过来夸我，想和我寒暄、握手或喝酒。但我无比焦虑，我找不到我的女友了。我推开了所有人，四处寻找她。在一个没有人的路上，我遇到了一个小孩，我问他，看到某某（我女友的名字）了吗？他指了指路说，她就在左侧 100 米远的一个小土屋里。

这是一个噩梦，他一下子从梦中惊醒。梦中的小土屋含义很不好，那是一间孤零零的房子，一个八十来岁的病得很重的老婆婆住在那里，她的儿女们不愿意照料她。

后来，他接二连三做了几个噩梦，都是他的妈妈、姐姐或其他女性亲人遭遇危险或得了重病。

最后，他得知，他在外地的女友得了重病，尽管身体看似没有多大问题，一检查却发现了严重的问题。

原来，他的这些噩梦都是感应，他感应到了女友面临的危机。

我们对梦是很不了解的，不仅如此，我们对梦还很不尊重。我们会认为，梦是虚妄的、没有价值的，当持有这样的观念时，我们就错失了许多自我成长的机会，也会令自己陷入一些危机中而不自知。

公司变成屠宰场

〔宣泄对现实的不满〕

梦者：阿城（化名），男，31岁，某私营企业销售部总经理。

梦境：到了单位，遇见董事长A，和她一起坐电梯去办公室。她按了12层，我纳闷，办公室不是在3层吗，怎么要去12层？但她的态度那么坚定，肯定不会错了，我就跟着她一起上。

电梯有点奇怪，一边平稳一边倾斜。A站在平稳的地方，很是威严。我站在倾斜的一边，非常吃力，我得用手牢牢地把住电梯的一个缝隙，才能保证自己不掉下去。

12层到了，我一看就知道，这的确是我的办公室，但奇怪的是，那张透着现代化气息的桌子不见了，变成一个古旧的、老式的钱柜，钱柜后面站着公司的前台文员，她背后则是一个神龛，好像供着什么神，我没看清楚。

跟着A进了办公室，布局什么的没有改变，但阴暗、冰冷、潮湿，地板黏黏的，还有些腥味。接着，我打开另一扇门，去检查下属的工作。这时，我看到，一间很大的办公室里，有一排排铁钩子，上面挂着被屠宰的猪，而我的同事们都是屠夫的样子。

我还注意到，我的脚下都是脏脏的血水，我反胃，有呕吐的感觉，心中一个声音对自己说："这不是我应该待的地方。"

分析

这个梦具有象征意义，明白这一点，就很容易理解这个梦了。

办公室本来在 3 层，梦里却说在 12 层，这象征着阿城的"晋升"。以前，阿城在多家公司做过普通的销售经理，做销售部总经理，却是头一遭，并且新应聘的这家公司，比他以前待过的几家公司规模都要大。他本来也是冲着普通的销售部经理去应聘的，没想到，这家公司想招的是销售部总经理，他过五关斩六将，拼掉了好多竞争对手，才应聘上这个职位。

这是个惊喜，但阿城也因此惴惴不安，在接受我电话采访时说，他经常担心董事长发现他的老底后，会把他开掉，"A 是说一不二的人，而且在公司里有绝对的权威"。

这种担忧，在梦中就用象征的手法表达成：他在电梯倾斜的一方随时都要掉下去，而 A 则稳稳地、有威严地站在他面前。

◈ 神龛 = 个人崇拜

钱柜和神龛是什么意思呢？

神龛很简单，就是个人崇拜。阿城说，这是一家私营企业，董事长 A 也是老板，是绝对的女强人，控制欲非常强，特别不能容忍下属挑战她的权威，"她的确跟神仙似的，总是高高在上，让我们觉得她离我们非常遥远，我们无法接近她，也害怕接近她。她虽然常说，希望我们把她当成平常同事来看，但据我观察，她还是非常喜欢这个位置，超级权威，根本没人敢挑战她的任何意见。”

钱柜也是类似的意思。其实，这家公司的办公室装修是非常现代化的，梦里却变得古旧起来，阿城领悟到：“这可能象征着公司的企业文化吧，老板信誓旦旦地表示，她要花巨大的努力让公司的管理现代化，其实还是家族管理那一套，都是家长作风，根本谈不上什么现代化管理。”

阴暗、冰冷、潮湿……梦里的这种感受，都是他对公司办公室气氛的非常实在的反应。

“我们的办公室其实宽敞、明亮，但气氛非常压抑，A 经常来视察工作，特别在乎我们是不是百分之百地在努力工作。如果她看到我们用公司电脑做私人的事情，譬如查私人电子邮件，或者通过 QQ、微信聊天，会非常生气，有时会忍不住训斥我们。”阿城说，“如果连续两天被她发现，那么你就可以走人了。”

并且，不只 A 这么做，那些想讨好 A 的中层也会偷偷地监督别人，而且会打小报告给 A，“打小报告是公司的习惯，她非常喜欢这种方式。”

◈ 公司的确曾是“屠宰场”

此外，阿城前几天通过将要辞职的员工才知道，原来这家公司以前是靠传销起家的。说到这里，他忽然恍然大悟，对我说：“梦里，公司成了屠宰场，是不是就是这个意思呢？”

是的，这是再明显不过的象征性的表达。阿城认为，传销是很“脏”的手法。他知道公司的这个底细后，一方面对公司很失望，另一方面又担心，作为销售部总经理，他说不定也要被A强迫接受一些传销的手法，以推广公司产品。

梦里，他情绪最强烈的时候，就是看到办公室里面满地血污，同事都是屠夫的打扮。这个时候，他心里有一个强烈的声音对自己说:“这不是我应该待的地方。”

这正是阿城压抑下去的心声。虽然既反感公司做过传销，又不喜欢公司文化，还担心董事长看出他的底细将他开除，但这毕竟是他第一次做一家大公司的销售部总经理，所以他决定在这家公司做下去，而且命令自己不要再去理会公司的历史，毕竟公司现在不做传销了。通过这种命令，他将自己对公司的反感压抑了下去，但是，他的真实感受并不会因为他这样做而消失，它仍然存在于其潜意识之中，并通过象征的方式在梦中表达了出来。

这也是梦的一种平衡机制。通过这种方式，他宣泄了对公司的不满，这样白天上班的时候，对公司的负面情绪就少了很多，这可以帮助他融入公司。

韩国明星掉下悬崖

〔梦知道你的重要决定〕

梦者：马先生，约 45 岁，私企老总。

梦境：我走在一条弯曲的小路上，路两边是大山。左边有韩国明星的宣传照，右边则有很多牌子，上面写满了韩文。

翻过一个山坡后，我看到路边有一栋小房子，走近一看是一个小卖部。小卖部后面有一座石拱桥，只是一座光秃秃的石拱桥，没有流水。石拱桥后面则是陡峭的悬崖。

一男一女两个韩国明星站在石拱桥上，让我给他们拍合照，我一按快门，他们突然掉下悬崖，不见了。我拿开相机，看到他们又站到了石拱桥上。我再低下头来，一按快门，他们又掉下悬崖，不见了。等我拿开相机，他们又出现在石拱桥上。

分析

显然，韩国是这个梦中的关键信息，有韩国文字、韩国明星和韩国明星的宣传照。那么，韩国意味着什么呢？

一次聚会上，在马先生将这个梦讲述给我听后，我请他自由联想，看他从关于韩国的这些信息中，会想到什么。

一开始，他觉得很纳闷，因为韩国似乎不能让他想起什么，他从不看韩剧，且年龄大了，更不哈韩，怎么梦中会有这么多韩国信息呢？

哦，这是你的一个判断，这很好，我说，但不要被这个判断阻断联想，你试着不管这个判断，看看“韩国”能让你想到什么。他静了一会儿，说想到了一个韩国企业家，他很钦佩这个企业家，因为他非常善于做营销。

一个韩国企业家，非常善于做营销，这是很有用的信息。我说，那么请继续想下去，看看你脑子里还会冒出什么东西来。他又想了想说，虽然没怎么看过韩剧，但有一种感觉，觉得韩剧挺炫也挺假的，一点小事都弄得很夸张……

我说，一点小事都弄得很夸张，这是第二个联想的核心信息，而这与第一个联想的核心信息“营销”其实有类似之处，是吗？都是夸张一个事物本来所具备的价值，把它卖一个更好、更高的价格。

对此，他点了好几下头，表示认可。不过，当我请他继续联想的时候，他花了好一会儿时间也联想不出更多的信息了。

◈ 他正在走一条艰难的路

那么我们来看梦中的其他信息吧。梦里的山路，经常象征着人生旅途。这条山路会让你想到什么吗？我问他。这很简单，他回答说，小时候，应该是 4 岁到 10 岁的时候，他经常在大人的带领下，走过一条 20 公里长的山路去找在外面工作的妈妈，梦中的山路就是这条路。

一个 4 岁到 10 岁的孩子要走 20 公里的山路，这明显是一条较艰难的路了。对此，他表示认同。同时，他补充说，每次最后都能找到妈妈，所以他想起这条山路虽觉得艰难，但没有什么畏惧或恐慌。

这意味着，他要在生命中走一段旅途，虽然有些艰难，但他最后应该能实现目标，起码他对此深具信心。

我问他，最近有什么重要的决定吗？尤其是，你决定踏上一段任务艰巨的旅程了吗？他毫不犹豫地点了点头，说，他刚在工作上做了一个重要决定，决心将他的公司发展成所在领域的 No.1。

对于现在的他而言，这就相当于一个 4 岁到 10 岁的孩子要去走一条 20 公里长的山路，艰难，但应该可以实现。所以，我祝福他，说，根据你的梦，我相信你会实现这个目标，就犹如你在孩童时走过漫长的山路，最后找到你的妈妈。

◈ 合作伙伴 = 山路上的“豹子”？

这也是我们很多人生之旅的含义。我们设定一些目标，希望实现它，但为什么要实现它呢？童年时，这样的旅途是为了得到妈妈的爱与认可，而现在，是为了得到一个抽象的内在妈妈的爱与认可。很多时候则体现为，想获得重要的亲人，譬如爱人和孩子，以及其他一些人的爱与认可。只是，在这段旅途中不要迷路，不要只想着看得见的目标——成功，而忘记了，我们渴求成功，是为了在一些关系中得到认可。

这些说法对他有了一些触动。他说，他明白了家庭的重要性。说着这些的时候，他突然说，那条山路有时会有意外，譬如有时候会有豹子出没。

梦中的韩国人会是你工作之旅中的“豹子”吗？我问他。

他愣了一下。这时，我再问他，做这个梦的时候，你遇到了什么人吗？是不是为了完成你的工作目标，你当时正在找合作伙伴？

这个问题令他沉思了很久，回过神后，他说，刚才他回想了起来，在做这个梦的前两天，有两个人，也恰是一男一女想和他合作，并且游说他说他们也是营销高手。

哦，你是营销高手，他们也是营销高手，这么一来，你的事业的重要人员都是营销高手，看来你的公司很快适合演韩剧了。我半讽刺半开玩笑地说。

接下来，根据我对他的公司的了解，我说，在我看来，你的公司尤其需要的是实力，是踏踏实实的东西，你要寻找的合作伙伴，是能够提升你公司实力的人，而不是帮着你这个营销高手把本来1元钱的东西卖个更高价钱的人。

是的，他在寻找合作伙伴，但他的合作伙伴，不过是小卖部的主人，另一财产则是一座假的石拱桥。这尚且罢了，更要命的是，那个照相的细节显示，他们好像不存在，他们自己都是假的，是相机都不能捕捉到的人。

我问他，这样的人，会不会是你工作之旅中出没的“豹子”呢？

这番话让他沉思了更久，最后，他表示感谢，说我帮他搞清楚了一件很重要的事情，他知道该怎么办了。

我说，你更应该感谢的是你的潜意识，而你需要做的也是尊重你的潜意识。

非常有意思的是，第二天，他很兴奋地给我打电话说，他又见到了那两个想和他合作的人，这次他注意到，他们拿的皮包上有韩文，其中那位男士还穿了上次见他时的衣服，衣服上也有韩文的铭牌。以前他在意识上从未留意到这些，但他的潜意识留意到了，并通过梦表达了出来。

看来，每当有重要决定时，聆听一下梦的表达是至关重要的。

我的车丢了

〔内心深处的自卑〕

梦者：鲁先生，男，约 45 岁，有两家公司。

梦境：我的别克车丢了。

丢的原因不清楚，好像并不是被别人偷走，而只是不再属于自己，不是自己开了。

丢了爱车，我的情绪反应并不强烈，只是隐约在想，丢了就丢了，大不了再买一辆。不过多少还是有一点焦虑，但比较轻微。最后，车找回来了。

这样的梦，最近一段时间以来，我做过五六次。

分析

鲁先生在讲述这个梦时语气很自然，而且脸上的神情波澜不惊，好像即便真的丢了那辆价值二十多万元的车，他也不怎么在乎。

现实生活中，他也真有一辆别克车。

“第一次做这样的梦，是什么时候？”我问他。

“半年前吧。”他回答说。

“那时，发生过什么重要的事情？”

“哦……我开了一家新公司。”

“开了一家新公司……那以前的那家公司呢，你怎么打理？”

“打理得少了，时间和精力上顾不过来。”他说。

“打理得少了，会有什么感受？”我追问。

“哦，有点不放心的感觉。”

“这种感觉，和你梦里丢车的感觉，像不像？”

“像极了！”他回答说，“对，和梦里丢车后的感觉简直一模一样。有点不放心，但这种感觉又不强烈，并且我是这样想的，就算最后真失去了控制也没关系，大不了再开一家公司……”

真相大白。原来，梦中的车只是一个象征，象征着鲁先生的第一家公司。

这个象征是很有道理的。

第一，这辆别克车，是鲁先生开第一家公司时买的，它们从时间上有着明确的联系。

第二，车与控制感有关。开公司追求出人头地，常常也与控制感有关。

我们每个人都有一定的控制欲，而车，尤其是轿车，是最能够满足我们控制欲的工具之一。

因为，轿车极容易被操控，仿佛可以完全顺着主人的意志，你让它向东，它不会向西；你让它快，它就快；你令它慢，它就慢。

并且，一辆性能强劲的轿车，其速度、灵活度和耐力远远超过了我们的肉身。

由此，拥有一辆性能不错的轿车，你会感觉自己变得更强壮、更有魅力，甚至偶尔还会有无所不能的感觉。

因而，轿车常被形容为“梦中情人”。所谓的“梦中情人”，其实就是我们头脑中所幻化出来的一个理想情人，更关键的是，这个理想情人不仅优秀，而且会彻底听命于你。

不过，真正的“梦中情人”是很难找到的。在现实版的情人身上，你一定会发现，她不是你所想象的那样，她一定是另外一个人，并且一定有自己的思想、自己的判断，不会完全按照你的想象去行动。

这是一个事实。对于控制欲低的人，这个事实不难接受。对于控制欲比较高的人，这个事实就难以接受，于是他们常常在发现情人与自己的想象不匹配时，去找新的情人。

想操控一个人，是相当难的，但操控一辆轿车，就比较容易。

从这一点而言，操控一家公司和操控一辆车，有着同样的心理机制。

所以，鲁先生梦中的汽车，和他现实中的公司，会唤起他同样的感受。

◈ 控制欲来源于安全感低

控制欲从何而来？为什么有的人控制欲特别强，而有的人控制欲很一般呢？

我以为，控制欲的另一面，就是安全感。控制欲强的人，心中的安全感比较低，而安全感比较高的人，控制欲比较低。

安全感的形成，与童年时获得的爱的多少有关。一个幼小的孩子获得的爱比较多，而且还是无条件的爱，那么这个孩子就会对“我有价值”这一点深信不疑，安全感就此形成。相反，一个孩子如果获得的爱比较少，而且还常常是有条件的爱，那么这个孩子的心就会很紧张，安全感就会偏低。

安全感偏低，就会有自卑感。有自卑感，可能就会渴望出人头地，就会渴望超越自卑。

出人头地的方式有很多种，在商业社会，比较常见的就是开公司挣大钱，用钱来证明自我价值感。

这是很多老板开公司的原始动力。他们会把几乎所有精力放到经营公司上。

控制欲过强的老板，会令下属不舒服。许多老板懂得这一点。所以，当自我价值感得到充分证实后，他们会学习放权，少控制员工，少事必躬亲。

鲁先生就是这样做的。他说，他的兄弟姐妹比较多，而他不算受宠，所以他从小就不喜欢做农活儿，而渴望出人头地。并且，在开第一家公司之后，他也的确喜欢那种指挥若定、一切都在自己掌控之中的感觉。

不过，他喜欢心理学，一直在反省自己，逐渐发现自己内心深处藏着的一些自卑。发现这些自卑之后，他感觉自己更能尊重别人，也更能对下属放权。

◈ 请相信你的下属

这是很好的相处之道。

一个老板事必躬亲时，他内在的逻辑其实是“我行，你不行”，他只信任自己，而不能信任别人。长此以往，他的公司最后可能会发展到这样一个境地——只有老板行，其他人都不行。

更好地与下属相处之道是“我行，你也行”。老板不仅自信，而且信任下属，能给下属一个独立的权力空间，令他们可以自由发挥，只要他们不犯严重错误，就不干涉他们。这样发展下去，他的公司最后就会发展到一个理想境地——老板很棒，员工也一样是精兵强将。

鲁先生说，他看到了自己内心深处的自卑后，也立即领悟到自己不少时候对别人也不够信任。所以，他会做一些努力，要求自己更信任别人，尤其是第一家公司的下属。

这样做自然很好。只是，他的潜意识深处的不安全感还会作祟，他比较强的控制欲还会常常被唤起。

所以，现实生活中，当这种担忧出现时，他会开解自己不要乱干涉；在梦中，他则会开解自己说，就算真丢了也没关系，大不了再买一辆。

梦的结果则告诉他，他不必再买一辆，因为，他的车并没有丢。这也是在告诉他，尽管他对第一家公司的控制少了，但它仍然是他的。

洗个澡，我就还是女王

〔恐惧成功〕

梦者：Jane，女，32 岁，拥有一家公司。

梦境：我置身于一个巨大的游乐场，我知道，这个游乐场是我开的，我已不再是主人，但又好像没有谁夺走我的位置。

游乐场下面有神秘的、复杂的隧道，隧道里有水在流动，非常清澈。我想洗个澡，但隧道里的水太浅了，洗不成。于是，我想在隧道里找个地方挖一个深点的坑，那样就可以洗澡了。但是，我一挖沙子，就有一个女鬼过来纠缠我，她不让我挖。我怎么赶都赶不走她，只好偷偷地再换一个地方，想躲开她。但无论我躲到哪里，她总能找到我。

就这样，我们一直在黑暗的隧道里纠缠，我很累，非常累，并且怎么都洗不成澡，我有点急躁。突然，我从隧道里走了出来，定睛一看，原来出口处就是我的家。我很高兴，因为回到家就能洗澡了，还可以在我喜欢的大浴缸里好好泡一泡。

然而，没想到，等走到浴室后，却发现浴缸脏得不行，一个清洁工站在浴缸旁，看到我进来后，有点慌张。她连声对我说对不起，并说她会立即清洁那个浴缸。

浴缸看上去很脏，估计清洁好要花不少时间。不过，我想她会把浴缸清洁干净的，如果她速度慢，我会和她一起去弄，反正我一定要好好洗个澡。

我心里很有把握，好好洗个澡出去后，我就还是这个游乐场的女王。

分析

水，意味着金钱，发大水，意味着发大财。

这是中国古典的解梦方式。

Jane 也这样看自己的梦，她说，水意味着金钱，而一直洗不了澡，意味着她在金钱上遇到了麻烦。

原来，因为一个主要的合作公司的突然变革，Jane 的公司暂时陷入了财政危机。最近一段时间，她一直在游说合作公司的高层，希望他们能及时支付相关的款项。

“相信不是大问题，钱最终能拿得回来，”Jane 说，“那样一来，我的公司就会顺利展开下一年度的工作。”

拿到钱，就是好好洗个澡。顺利展开下一年度的工作，就是她重新当上自己公司的“女王”。

按照这样的理解，梦里的那些细节基本都可以得到解释。

Jane 的公司不是游乐场，不过，下一年度，她有一个重要项目是和一个大型娱乐中心有关，她很看重这个项目，而项目由此化身为游乐场，并进入 Jane 的梦中。

公司是 Jane 一手创办的，所以她自然是游乐场的女王。那个合作公司是 Jane 最重要的合作伙伴，这方面的款项迟迟拿不到，Jane 的公司运营就会陷入麻烦。所以，Jane 对公司失去了掌控感，但公司仍然还是她的，所以就有了梦一开始的感觉——“我已不再是主人，但又好像没有谁夺走我的位置”。

游乐场下面神秘、错综复杂的隧道，或许暗示着那个合作公司复杂的、难以捉摸的财务管理。在这个隧道里，Jane 一直没得到洗澡的机会，最后从隧道走出，回到自己的家，才觉得那个浴缸是最适合她洗澡的地方。

回到家，Jane 解释说，或许意味着要回到老地方。“梦好像在说，我要把洗澡，即挣钱的希望，从合作公司的错综复杂的管理隧道里退出来，并回到我自己起家的地方。”

家里的浴缸很脏，这或许意味着，Jane 自己公司的管理也有不少问题，得好好清理一下才行。实际上，Jane 正在做这个工作，她聘了一个女助理，来帮她打理公司的一些重要业务。

不过，Jane 已隐隐感觉到，不能指望这个女助理完成这个工作。女助理的工作能力是不错，但她自己也必须积极地参与其中。

◈“女鬼”是她自己的一部分

按照这种理解，梦里的女清洁工，就是她的助手了。Jane 在梦中本来也期待着这个女清洁工清理浴缸的。不过，在最后时刻，Jane 分明已感到，不能等着清洁工独自完成这个工作，要想尽快地好好洗个澡，她自己也要和她一起去清洁。

Jane 说，这个梦让她很累，“好像做了很长时间，一直都得不到休息并洗澡的机会”。这也是 Jane 目前的工作状态的写照。

然而，尽管很累，而且情况还未得到好转，但 Jane 很有把握，她相信合作公司的钱最后会顺利到账，而她的公司下一年会步入正轨，只是她必须要更积极地参与公司的变革和扩张。

这也是梦的最后的意思，虽然浴缸还未清理好，虽然她还未好好洗个澡，但她有把握，只要她积极参与清洁，浴缸会弄干净的，而她也能好好洗个澡，她还是会做回游乐场的女王。

梦里还有一个很重要的细节：一个女鬼一直来纠缠 Jane，不让她洗澡。这个女鬼，是什么意思呢？

经常有人梦见鬼，一般情况下，鬼不是别人，而是自己人格的一部分，而且是自己人格中不和谐的部分。

在梦中，每当 Jane 开始挖沙子，试图洗澡时，女鬼就会出来纠缠她。这一切细节都有含义。

第一，Jane 的业务和建筑有关，挖沙子意味着她要争取那个合作公司的合同，而合同争取到，钱自然也可以挣到。

第二，每当挖沙子的时候，女鬼都会过来纠缠。这也是 Jane 的写照，原来她有很强的成功恐惧。她担心自己太成功的话，会变成一个太硬朗的女强人，而她不想这样。并且，因为特殊的经历，Jane 不想和任何人拼个死去活来，所以一旦生意上出现比较激烈的竞争，她要么会退出，要么会在拿到合同后与失败者分享。总之，Jane 内心有一些阴影，这一直以来都是阻碍她走向更大的成功的主要因素。

这或许也是她为什么要聘请助理的原因，假若是助理把她的公司发展壮大，而不是她自己发展壮大，那么就可以避开她内心的那些冲突。

不过，梦在提醒Jane，这种可能性不是很大，助理可以帮她忙，她也必须更主动地投入进来，只有这样她才能好好地洗个澡，并最终成为货真价实的女王。

厕所脏极了

〔不能为自己争取利益〕

梦者： Anny，女，36 岁，外企员工。

梦境： 我和同事一起去上厕所，厕所脏极了，我说不能用，同事说可以、没问题，她还在蹲位上躺下来向我示范。

分析

许多人都梦见过肮脏得不堪忍受的厕所，对于这一类梦，弗洛伊德的经典精神分析是，这反映了我们对于欲望和享受的态度。

上厕所怎么能和欲望与享受联系在一起呢？

依照弗洛伊德的解释，1 岁前的孩子处在“口欲期”，1 ~ 3 岁的孩子处于“肛欲期”。

所谓“口欲期”，即这一阶段的孩子的口部特别敏感，他能从口部的活动中获得极大的满足感，所以会执着于口部活动，譬如什么都要咬一咬或吮吸一下。意大利幼儿教育专家蒙台梭利认为，这一阶段的孩子是在用无比敏感的嘴部来探索世界，例如他会用牙齿咬一下硬币，并不是想把硬币吞下去，只是想用牙齿和嘴唇来感受硬币的质感。

很多父母会觉得，孩子随便咬、叼或吮吸东西实在太脏了，所以会限制孩子，这反而会让孩子固着在这一行为上。孩子要么是嘴部一点感受都没有，原因是防御太重了，不敢再去这么做；要么是特别喜欢咬东西，譬如咬指甲等，这是在满足没有被满足的需要。

所谓"肛欲期"，即这一阶段的孩子的肛门周围部位的神经非常敏感，孩子会从排大小便的行为中获得快感。

很自然的，父母会对孩子排大小便的行为进行训练，但如果训练太严格，就会让孩子形成一种认识——排大小便是非常肮脏的，而排大小便会带来的快感也是非常肮脏的。

这种认识更进一步就会发展成——一切欲望和快乐都是肮脏的，都是特别需要节制的。

如果了解了 Anny 做这种梦的背景，我们会明白，她的厕所梦典型地反映了这样一种认识——她的欲求是非常肮脏的。

Anny 说，她多年来经常做脏厕所的梦。一年前，这种梦变得尤其频繁，梦境也尤其清晰，带来的情绪也尤其难受。她讲述的这个梦，正是最近这一系列梦的开始。

我问她，做这个梦的那一天发生了什么事。

她回答说，当时她们单位组织了一次旅游，途中几个常和她在一起的同事屡屡讲起公司内职位升迁的故事。讲到这里，她突然想起什么似的补充说，最近这一年来，她每次做脏厕所的梦都是梦见和同事一起找厕所。

这是一个很关键的细节。我一下子明白了这个梦的含义，不过我还是要问她:“你怎么看待这类梦的含义？”

她有点困惑地问，是不是这个梦在暗示或预示，她或她的亲人身体出问题了。因为她的父亲最近生了一场大病，这让她怀疑这个梦是预示父亲的处境的。她也感到很内疚，如果她早点明白这类梦的含义，那么她就可以更好地帮父亲治病了。

不过她怀疑自己的解释并不正确，因为父亲的病已经好了，而这类梦还在继续。关键是，这类梦中从来没有出现过她的亲人，出现的都是同事，而且都是女同事。

我对 Anny 有一定的了解，我知道最近一年来一件事一直困扰着她——就是她的升迁问题。她的工作能力有口皆碑，也非常勤劳，且从来不制造麻烦，但长久以来升迁一直没有她的份。更过分的是，数月前公司有一次工作调动，把她从一个很重要的岗位平调到了一个不重要的岗位上。并且，她是调动决定做出后才知道的，之前领导和同事一直瞒着她。

非常有意思的是，一个梦让她明白，领导和同事看似在害她，其实是在帮她。梦中，她上了一辆公共汽车，车上全是领导和同事。车上有两种座位，一种是大椅子，一种是小板凳，大椅子都被人占领了，她只能坐小板凳。这让她很是不满。奇怪的是，当她坐在小板凳上后觉得非常舒服，心里还涌出一句话——“这就是我想要的座位”。

这个梦的寓意和感受是如此清晰，令她醒来后一瞬间明白，坐在小板凳——即不重要的岗位上——正是她的渴望。明白这一点后，她对领导和同事的不满消失了。

如果说，这个梦让她明白自己为什么追求被调到不重要的岗位上，那么脏厕所的梦就是在告诉她，她为什么不去占据高位，因为她潜意识中认为，占重要位置的欲望是非常肮脏的。

如果把公交车视为厕所，而将蹲位视为座位，这两个梦其实是一回事。

在我看来，脏厕所的梦还有另一种解释，这也涉及排便的深层寓意。

说起来，排便似乎是一种龌龊事，但这种龌龊事，却是和另一件看起来光明正大的事密切联系的，这就是摄入食品。

我们古老的传说中有一种动物叫貔貅，这种动物只有嘴而没有肛门，所以它被视为聚财的象征。事实上，假若一种生灵只吃东西而不排便，它很快会死去。真正健康、平衡而灵活的生灵，在吃东西上没有障碍，在排便上也没有障碍。或者说，在吃东西时能有享受的感觉，在排便时也觉得畅快。

这两者是紧密关联的，如果一个人在排便上没有障碍，他在收获或索取上也会没有障碍。相反，假若一个人在排便上有障碍，那么他在寻求外界资源上也会有障碍。

彻底反过来看，假若一个人在对待外界资源的态度上大有问题，那么可以推论，他在排便上也会有问题。

譬如，如果你遇到守财奴或吝啬鬼，那么可以大致推断，这个人可能真如貔貅一样有便秘的问题。

Anny 不是吝啬鬼，她在给予别人帮助上没有太大问题，她的问题是，她不能索取，或者说，她不能为自己争取利益。她认为，为自己争取利益的欲望是特别肮脏的行为。

不能为自己争取利益，也就是不能去畅快地索取“食物”——外界资源，而之所以不能这样索取，可能是因为小时候过于严格的排便训练或家庭作风，令她认为，欲望不是好东西，欲望是非常脏的，必须节制甚至禁止。

一年前，和同事一起谈论公司升迁的问题，可能激发了她的野心，但她的潜意识立即对此发出了一道禁令——野心是脏东西。因而，她做了脏厕所的梦。

一年来，她做的脏厕所的梦总是和女同事有关，这种寓意再清晰不过了。

一个不容忽视的细节是，女同事甚至躺在蹲位上向她示范，厕所是可以使用的，这可能反映了 Anny 的一个下意识的念头——女人要上高位很可能就要通过性的途径。

因为排大小便是和生殖器息息相关的，所以脏厕所的梦一个很常见的寓意是，性是肮脏的。

Anny 说，她有时暗自想，那些升迁的女同事是不是用了什么不光明正大的方法，不过这时她立即会谴责自己不该瞎猜测别人。

谈话过程中，Anny 还谈到，她欣赏“无欲则刚”的人生哲学。真正的无欲则刚，是看破了欲望的局限，但 Anny 的无欲则刚，是将“欲”视为脏东西而不要，这是有很大的差异的。

谈到最后，我问 Anny 想改变对欲望的态度吗？她说，不，不想，我只想知道，脏厕所的梦是不是暗示我或亲人的身体出了问题，如果没出问题我就放心了。

我说，那你可以暂时放心，这个梦应该没有这个寓意。

如果一个人认为自己这样很好，那么心理医生就不必非得引导对方改变。催眠大师艾瑞克森给一个政客做治疗，这个政客有偏头疼，催眠中发现，这个政客在为妻子偷情的事情头疼，却假装对此不知情。艾瑞克森问，你想治好自己的偏头疼吗，这意味着你得直视妻子偷情的事。他回答说，不想。因此，埃瑞克森没有对他进行治疗。

我们都有生活在特定状态下的权力。

你已经死了

〔内心的担忧〕

梦者：阿嫣，广州女子，单身，31 岁，外企中层管理人员。

梦境：在电梯里，坐满了我的大学同学。

电梯要往下走，我知道，站在电梯边上的人都会死。所以，我刻意站在正中间，只有这样才安全。

电梯启动后，迅猛下坠，那种彻底失重的感觉，就像自由落体一样。结果，靠在电梯边的我的大学同学们全死了，一个个血肉模糊，非常恐怖。

独我一人活了下来。我感到恐惧，同时感到庆幸，从电梯里出来后，我立即向家里赶去。

路上，电话响了，是妈妈打来的。“我们接到殡仪馆电话，说你死了，怎么回事？”妈妈在电话里问。

我辩解说，我这不是没死吗，还好好的。

但妈妈说，不，你就是死了。

放下电话，尽管我看似还活着，但我相信，我的确死了，尸体正在路上，一会儿就会被送到家。当尸体运到的那一瞬间，我就会全然死去。

分析

这还是 2008 年的时候阿嫣向我讲的一个梦，一开始，我百思不得其解。

后来，我问她，这个梦是什么时候做的。

“哦，我想一想……”阿嫣想了一会儿说，“应该是 1 月 19 日，对，肯定，就是 1 月 19 日的晚上。”

“这么肯定？”

“是的。因为，两天后就是 1 月 21 日，那一天股市暴跌，我损失惨重，所以不会记错。”

原来如此，这么说，这个梦很像是对股市暴跌的预感了。

大学毕业后不久，阿嫣就进入了一家外企，一直做到现在，收入颇丰。2007 年股市进入牛市后，她在一个朋友的推荐下，加入了炒股大军的队伍，投入了近百万元，占她积蓄的三分之二。她是一个安全感很低的女子，所以当时不管多么看好股市，都不敢将自己的收入全投进去。她说：“必须给自己留下保命钱。”

2007 年的股市给阿嫣带来了超乎寻常的收益，但下半年股市的不断动荡也一直令她忐忑不安。后来，她将炒股的事情全盘托付给了一个多年的知己朋友森。森有二十多年的炒股经验，而且一直是商业领域的弄潮儿，还知道许多一般人所不知道的内幕消息，是一个背景颇深的人物。

并且，森的性格和阿嫣有相似之处，是一个看似大胆其实极其谨慎的人。他炒股的原则是绝不冒险，只有判断一只股票一定会赚钱的时候，他才会买，而这样的股票很少会有极大收益。

将炒股的事情托付给森，是阿嫣给自己的炒股大业找到的第一个保险。

后来，在森的介绍下，阿嫣还在香港开了户，并把大部分资金通过森转移到了香港。这可以说是阿嫣为自己炒股找到的第二个保险。

大多数股民没有阿嫣那种超低的安全感，也就不会像她这样费尽心思做狡兔三窟的事情。

如果说，阿嫣的这个梦境是她对股市的担忧。那么，大学同学都站在电梯的边缘，而唯独她刻意地站在正中间，这该是阿嫣狡兔三窟的炒股风格与普通股民的炒股风格的对比了。

阿嫣说，她对内地的股市没有信心，很明确地知道，自己在2007年的炒股行为是一种投机。但她想，将炒股的事情托付给森，同时又将资金转移到股市相对成熟的香港，她的炒股该有保证了吧。

这种担忧显然也反映在了她的梦中。

◈ 她对股灾已有预感

2008年1月18日，这天是星期五，阿嫣已对股市有了担忧。当时，森打电话给她，谈到了美国的次贷危机，说这一危机对美国股市的影响已开始显现，他担心会影响香港股市，并进一步影响内地股市。不过，对香港和内地的影响到底会到什么地步，他没有太大的把握，但他认为，影响不会太大，所以不必急着抛出。

阿嫣信任森，支持他的决定。但将电话放下后，阿嫣心中一直涌动着很大的不安。当时，她想，这种不安是自己的性格，她自己的安全感一贯太低，不必因此而抛出股票。

这只是她意识上的想法，她潜意识深处，仍然对股市有着极大的担忧，这一担忧最终通过 1 月 19 日晚的梦，展示了出来。

平时，阿嫣是睡眠极好的人，很少记住梦，但 1 月 19 日晚，她半夜里被这个梦吓醒，第二天醒来后仍然是心有余悸，梦中的情节也记得分外清楚。

似乎是，梦在提醒她尊重自己的忧虑。可惜，她没有做到这一点。

1 月 21 日，阿嫣一早坐同一小区的一个朋友的车去上班，这个朋友也有多年的炒股经验，经历过多次风暴。他劝阿嫣将股票清空，他一路上也一直不断给妻子打电话，指挥妻子抛掉所有股票。

2007 年的时候，阿嫣这个朋友也曾抛掉过手中所有股票，那一天是 5 月 30 日，即财政部突然将印花税从千分之一上调到千分之三的那一天。阿嫣对这个朋友的果断非常钦佩，不过，相比之下，她还是更信任资历更深、更有背景的森。

因而，尽管心中忧虑很重，很想跟森商量是否将在香港的股票全抛掉，但阿嫣还是决定信任森，由森决定怎么做。

森没有清空股票，甚至都没有抛掉任何一只股票，他建议继续观望。

1月22日，股票继续暴跌。无论是内地还是香港，股票市场暴跌程度均堪称惨烈，她在香港和内地市场的股票均损失惨重。

谈到这个梦时，阿嫣说，她还是想继续信任森，不想全部抛掉股票，她对内地和香港的股市还是抱有一定的信心的，毕竟森帮她买的股票都是经过谨慎选择的，是长线型的。

不过，这样做，就好像是梦中最后时刻的感受。梦中，她看着自己，那时自己分明是活着的，但她同时又确知，自己其实已经死去，而尸体正在路上，看到尸体的那一瞬间，她就会全然死去。

尸体是什么？会是她在股市上的全军覆没吗？

是不是可以这样说，其实我们自己的心灵已经捕捉到了未来的趋势，但我们在意识上不尊重这一信息，于是这一信息只好通过梦这种潜意识的途径来表达，以提示我们尊重这一信息？

恐怖分子在行动

〔心中的纠葛〕

梦者：我自己，男。

梦境：有消息传播说，边境上有一伙恐怖分子在行动。

接着，梦的画面转到一个郁郁葱葱的山坡上，一群人站在树丛中，远远地看到了这伙恐怖分子，都是些高高的、瘦瘦的、很结实的家伙。一辆装着军火的汽车在前面开路，他们跟在后面，汽车和他们都正好走在白色的边境线上。边境线那一侧是荒芜的草原，这边则是一个很陡的斜坡，斜坡下面是没有植被的黄土地，绵延不绝一直到山坡上。

国境内似乎是安全的，但山坡上的人群对这一点没有信心。有人抱怨说，政府为什么不出动军队灭掉这伙恐怖分子。另有人则说，政府也没办法，因为他们正好走在边境线上，但对面的那个国家太不负责任，我怀疑这伙恐怖分子和对面的政府有牵连。

恐怖分子的队伍继续前行，慢慢地不再守在边境线上了，有的恐怖分子不时跳下斜坡闯进国境内，瞎闯一通后再回到边境线上。

接下来，我才出现。我和父亲正好躲在紧挨着边境线的斜坡下，分别藏在一个正好一人大小的土坑里。恐怖分子离我们越来越近了，我们很恐惧，商量该怎么办。父亲说，我们可以藏在土中，用土埋住自己的头就可以了。我认为这样不行，因为他们带着狗，会嗅到我们的藏身地。

最后，在恐怖分子即将赶到前，父亲决定藏在土坑中，用土蒙上了头，而我突然跳起来，没命地跑向靠近边境线的一个最近的村落。

没人追我，我顺利地跑到这个村落。村落看起来条件不错，都是灰白色的建筑，有一些两层的小楼房，路则是近一丈宽的水泥路。站在一条路的拐角处，我停下来喘了几口气，觉得安全了，于是松了一口气。

但我突然看到，这条路的一侧走来一个强壮的家伙，我感觉他肯定是潜入国内的恐怖分子，于是拔腿就跑。

在跑到十字路口时，我被两个和刚才那个壮汉长得一模一样的家伙堵住了，那个壮汉也跟了上来，我束手就擒，发出一声叹息：原来哪里都有恐怖分子。

这期间，这个看起来比较富裕的村庄安静至极，没有一点声响，没有人出来，只有我在孤独地奔跑。

恐怖分子抓获我后，立即摧毁了我的灵魂，然后训练我做杀手。另两个男人也遭到了和我一样的命运，也被抓获，并被摧毁灵魂。我们三个被关在几座山丘之间的训练营，接受无比残酷的训练。

我们训练到一半的时候，一个女子也被抓来，她也要被训练成杀手。我们三个男子虽然有不幸的遭遇，但好像都来自比较幸福的家庭，而这个女子好像一直都生活在痛苦中。

训练的手法极其变态，丝毫不考虑我们肉体的痛苦。肉体太痛苦了，我们的灵魂逐渐复苏。我们渴望反抗，但在能力超过这几个恐怖分子前，我们不敢。

那个女子没有灵魂，身体也一直处于瘫痪状态，因而她没接受任何训练。但我们都怕她、不敢接近她，她身体上好像有一股杀气，并且越来越重，她的身体逐渐变成了血红色。

反抗的时刻终于来临，我们三个男杀手相信自己够厉害了，于是起来反抗，经过苦战，将三个恐怖分子消灭。

这时，那个女子的身体突然开始缓慢地膨胀。这一幕很恐怖，一个男杀手喃喃自语说："我不喜欢她这样。"

她的身体一开始膨胀得很慢，但速度越来越快，最后突然膨胀成一座大山，塞满了几个山丘间的盆地。

这时，她发出凄厉的声音，身体突然爆炸，黑红的浓血像洪水一样蔓延，像浓硫酸一样侵蚀一切，所到之处都被淹没，并化成黑色的废墟。

她开始前行，目标是美国的国会，那里正在庆祝。

三个男杀手已具有超人的力量，我们用尽全力疏散周围的村落，其中一个杀手拼命地向美国政府发出呼吁，要政府构建大坝，挡住这浓血化成的死亡之海。

整个国家忙碌起来，无数的火车开到一个悬崖边，然后由一个杀手将它们堆成一个大坝。不过，这个国家的人并不是特别恐惧，他们知道将大难临头，但还是一边从容工作，一边很幽默地说一些玩笑话。

她和她的死亡之海终于来到这个大坝前，她已摧毁了许多城市和村落，怨气得到了些许平息，而与三个男杀手朝夕相处，也有了一些感情，她多少已有些不忍心继续攻击。

无数的人站在大坝上，看着她。

突然间，一切的一切都没有了声音，出现了一瞬间的安宁。这时，大坝上的一个人问她："你爱过谁吗？"

她笑了笑，用喃喃自语似的声音说："我爱我叔叔。"

这句话说完后，她的身体轰然倒在血海中，而这庞大的血海也突然化作清水，冲向大坝，大坝下被冲出一个大洞，这些水像瀑布一样向下涌走。

杀手不见了，大坝上的人群也不见了，怨气冲天的血海变成了美丽的大海、瀑布和一条流畅的河流。

分析

半夜里，这个梦把我惊醒。梦中的情节虽然恐怖，但我感觉非常好，有一股热量从我胸口向全身扩散，而这股热量之所以产生，似乎是因为我心中郁积已久的一些难受的东西被化解了。

因为这种感觉，醒来那一刻，我明白，对我而言，这是一个很重要的梦。

所以，我放松地保持着刚醒来的姿势，一动不动（这很重要，身体一动，就会忘记梦的一些细节），回忆这个梦的细节，并体味这个梦给我留下的感觉。

这样大约过了十多分钟，我感到自己理解了这个梦，而梦的关键细节也都记住了，于是舒展了一下身体，继续睡去。

早上 7 时，我再次醒来，梦中的一切细节仍历历在目，我立即爬起来，打开电脑，记下了这个梦境。

做这个梦的前一天晚上，我有两件比较重要的事，并有了重要的感悟，而这个梦带我在这个感悟的方向上走到了更深的境界。

第一件事是，和 X 有了一次深聊，讲到了她混乱的感情生活。X 是一个 20 岁出头既年轻漂亮又才华横溢的女孩，但短短几年内已做过许多次的第三者。我最近和一个三十多岁的美女聊了几次，她非常漂亮，但她也主动做了几次第三者。这对我触动很大，美女为什么想做第三者?

第二件事是，最近一直在思考善与恶的问题，这天晚上产生了一个重要的感悟，觉得自己对善与恶的理解又深了很多。

恶是什么? 恶在哪里?

恶并非只是杀人凶手心中的杀机，也并非只是国际政治中的阴谋和权欲，而是藏在我们社会的每一个角落，藏在所有类型的关系中，它就是控制和征服，就是占有欲，就是将自己的欲望强加在别人的头上。

这一点，首先藏在我们心中，然后展现在关系中。并且，最极端的体现往往是在亲密关系中。

◈ 非善即恶是最简单的善恶观

最简单的善恶观是非此即彼的善恶观，我们是善的，我们的敌人就一定是恶的，而且我们与他们之间有一个很明确的分界线。

我这个梦从一开始就展示了一个比较复杂的善恶观。身份不明的国民们看着边境线上的恐怖分子发牢骚。国民象征着善，而恐怖分子象征着恶，一条明确的边境线划开了两个国度。

但是，这并不意味着，我们这边的国度是善，那边的国度是恶。那边的国度对恐怖分子有些纵容，这边的国度也没和恐怖分子作战。恐怖分子聪明地走在边境线上，并不能简单地将恐怖分子划分为与“我们”明确对立的“他们”。

梦中意象自然是我内心的反映，这个梦一开始的情境就反映了我自己内心的想法：我越来越明白，不能简单地将恶与善视为对立。

如果我的梦境是那种鲜明的对立，边境线的这一端是伟大的祖国，那一端是邪恶的敌人的国度，那意味着我的善恶观尚处于“非善即恶”的幼稚阶段，看起来是非分明，其实是自己的内心处于尖锐的对立状态中。一个有这样善恶观的人，会将他的内心投射到外面的世界，他一定要找到坏蛋，如果没有坏蛋，他也要制造出坏蛋来，这样他才能证明自己内心的预言是正确的。所以，有这样善恶观的人，常是杀戮心最重的人。

不过，尽管我不再将恶与善视为简单的对立，但在我这整个梦中，一开始的善与恶的对立仍是明确的，恐怖分子和国民毕竟是两个截然不同的群体，恐怖分子就是恐怖分子，国民就是国民。

接下来，这一景况逐渐发生了改变。

先是我和父亲藏在边境线的斜坡下的土坑里。父亲并非是现实的父亲，而可以视为我的“内在的父亲”，是我内心的一部分。并且，既然边境线可视为善与恶的分界线，那么我藏在这个分界线下，意味着我其实也离恶不远，也处在善与恶的边缘。

恐怖分子逐渐走近，我越来越恐惧。这时，“父亲”决定把自己埋在土里，这意味着他选择逃避，不去认真地理会善与恶，而是自欺欺人地选择鸵鸟政策。这是我的“内在的父亲”的一种策略，也是我们这个社会常见的一种策略——埋起头来做好人。

我拒绝这么做，我决定逃离这个边境线，奔向明确的善的地方。

我顺利地逃到了国境内一个富裕的村落，看到恐怖分子并没有跟来，于是我松了一口气。这个富裕的村落可以说是一个标志，象征着明确的善的地方。

但是，恐怖分子再次出现，他看起来不像恐怖分子，但事实上他是。他的出现令我产生了绝望感——原来恐怖分子是无处不在的。

这是一个很重要的认识。

我前面讲到，最简单的善恶观是非善即恶，善的世界与恶的世界是明确对立的。但这时，我开始发现看似善的世界里，恶仍然无处不在，善与恶常是一体的。

◎ 恐怖分子俘获我 = 我接受了恶的诱惑

我再次逃跑，仍然渴望逃到一个能找到绝对的善的地方。但我失败了，三个恐怖分子将我堵在一个十字路口，抓获了我。这有强烈的象征意义，我无路可逃。

十字路口也可以说是我内心的十字路口，我有时的确有这种绝望感。我发现，没有一个单纯的地方可以令自己找到不存在恶的善，哪里有善，哪里也同时伴随着恶。因为这种感受，我写过一篇文章《最大的恶行是追求绝对的善》。

更详细一点的意思是，最大的恶是以追求绝对的善的名义，将自己的意志强加在别人头上，如果谁不同意走这条路，如果谁达不到绝对的善，就将谁从地球上抹去。于是，妄求绝对的善的人，常会制造最大的恶行，譬如“红色高棉”前领导人波尔布特指挥杀掉了柬埔寨至少五分之一的人口，其目的是制造一个理想社会。

其实，在政治领域或社会领域，发现善与恶总是并存，还不是最令我绝望的，最令我绝望的是，我发现在最私密的爱情上一样如此，爱人们总是以爱的名义控制对方。一个人如果妄求绝对的爱，那么他就会理直气壮地伤害拒绝接受他绝对的爱的恋人。

不仅如此，我发现爱情中并不存在加害者和受害者。看起来，经常是一个人伤害了另一个人，但我深入了解的绝大多数故事显示，这是一个双重奏，受害者特意选择了加害者，他潜意识深处还渴望着加害者的控制、征服和占有。

我其实也在妄求一个单纯的善的地方，但对世界了解越深，对人性了解越深，我就越绝望。

最终，我开始相信，没有这样的地方。任何一个地方，任何一个有人心的地方，都势必是善与恶并存的。

同时，我还感觉，善经常是绵羊般的善，而恶却是有力量的。

这种感觉贯穿在我整个梦中。一开始，代表善的国民们在那里抱怨，代表善的父亲把头埋在土里，渴望善的我四处奔逃，而代表恶的恐怖分子却大行其道。

那么，为什么要行善？为什么不投靠恶？

因为这样想，所以我常会感到恶对我的诱惑。有时甚至会想，既然我对人性已非常了解，若尝试在一切关系中控制、征服和占有，岂不是更厉害，可以更成功？

这就是梦中恐怖分子把我俘获的真实含义。

梦中，是我在十字路口被恐怖分子俘获。现实中，是我发现我已无路可走，每一条路都是一样的。在这种绝望的心情下，我开始接受恶的诱惑。

恐怖分子将我捕获，这一景象还有特殊的含义。

一直以来，我不认同那种所谓最男人的男人，因为我认为，这个世界的暴力和伤害，多数往往是这样的人制造的。于是，我在讲座时经常提醒女性听众，警惕“像刀子一样锋利、像钢铁一样坚硬的男人”。

然而，通过与一个又一个人的深聊，我发现，这样的男人在两性关系中往往会占据上风。许多女人被这样的男人弄得伤痕累累，但这往往是她们的渴望，是她们的主动选择。

这样的故事听多了，我有些厌倦，有时会想，这个世界就好像是恶人制造问题，然后善人去收拾。那么，我何苦扮演后者这样的角色。

此外，我还将人分成两种：一种是人格障碍型的，典型特征是推卸责任，认为成功一定是自己的功劳，而问题和责任是别人的；一种是神经症型的，典型特征是担负责任，很容易做自我归因，承担本不属于自己的责任。而我发现，在社会中，似乎前者更容易成功，而后者过于辛苦。

我有时会想，要不要训练自己，训练自己坚硬一些，训练自己追求控制、征服和占有。

其实，我已在这样训练自己。

这便是梦中的训练营的寓意。

◈ 让灵魂死去，以获得更大的控制力

三个恐怖分子和三个被捕获的“善人”，也有特殊的含义。他们一一对应，其实都是我自己内心的一部分。

这也可以理解为，这几个人组成了一个小社会，而这个社会也是我们这个大社会的写照。其实，从读书到工作，我想我们大多数人的一个重要工作是学习控制别人的能力。

并且，有时我想，为了更好地控制别人，最好让自己的灵魂死去，因为灵魂活着的人会有丰富的同情心，这同情心会令他心软，令他犹豫，也令他在控制、征服和占有的时候不够果断。

我是在看村上春树的《挪威的森林》时有这个想法的。这本小说里有一个经典的角色——永泽，他生于豪门，做事非常努力，但既不容许“怜悯自己”，也对别人没有同情心，甚至以践踏别人的情感为乐。许多人崇拜永泽，小说中如此，现实生活中也如此，在

百度“挪威的森林吧”和“村上春树吧”里，永泽都是最被人赏识的一个。

然而，我和小说中的女主人公直子的看法一样，认为永泽是病得最重的一个人。我认为他是一个没有灵魂的人，他不容许自己的灵魂活着，因为那会让他有同情心，会影响他在社会上攀爬的速度。

这是梦中恐怖分子先摧毁我和另两个同伴的灵魂的寓意。现实生活中，我多少也开始这样想，这样努力。

梦中训练营地的方法非常残酷，但有趣的是，这些具体的方法醒来后我都不怎么记得了，只大约记得，这些方法完全不考虑肉体的痛苦，用最不人道的方法把我们训练成没有丝毫畏惧的杀手。这显然反映了我在渴望变成“像刀子一样锋利、像钢铁一样坚硬的男人”。

然而，灵魂是不可能被绝对摧毁的，它只是没有被唤醒而已。譬如永泽，当深爱过他的女子初美自杀后，即便是他，也感到了一些遗憾。因为不是他自己在痛苦，所以这痛苦的分量还不够，于是他的灵魂仍没被唤醒。但杀手们接受的训练太过残酷，令他们感到痛苦，这痛苦使他们的灵魂复苏了。

这也是我自己的写照。我已体验过，灵魂活着的生活多么美好，所以，哪怕灵魂只是开始有一点死去的迹象，我已很不情愿。

最终，杀手们起来反抗，杀掉了控制他们的三个恐怖分子。这并不意味着灵魂的彻底复苏。因为，世界是经常这样循环的，控制手段更高明的人颠覆了只有控制欲望但缺乏控制手段的人所建立的权力体系，然后控制、征服和占有了整个社会。抱着非善即恶观念的人选择了这个更会控制的人，本以为自己可以得救了，但最后发现，不过是开始了一轮新的循环而已。

现实中，我明白这一点。梦中，这一点也体现得淋漓尽致。男人控制、征服和占有的最典型对象，就是女性，而梦中那个没有灵魂、也似乎没有行动能力的女子，很像是对渴望被控制、被征服和被占有的女性的一种象征。

这可以说是我自己内心深处隐藏着的一个女性的象征，可以说是我最近聊过的许多女性的象征，也可以说是一个整体性的女性象征。它深藏在我潜意识深处，但被 X 和那个三十多岁的美女的故事激活了。

梦中的女子是没有灵魂的，也是彻底被动的，符合男权社会对女性形象的定位。女性们不得不扮演甚至渴望扮演传统、温顺而又渴望被控制被征服的形象，而男性们也习惯上扮演强大的、充满控制欲望的形象。

然而，在我所了解的多数故事中，控制欲极强的男人是女性的地狱。首先，传统女性本能上渴望“强大的男人”控制自己，但一旦真找到了这样的男人，她得丧失自己的意志和独立性，即令自己的灵魂死去，这样，这个关系才是平衡的，否则两人会冲突不断。其次，这个女人会发现，她放弃自己的独立意志后并不能得到“强大的男人”的安全保证，这个男人或许会成为工作狂，或许会在外面不断拈花惹草，或许还有其他的兴趣点，总之会对她不屑一顾。

这是深藏在我们潜意识深处的一个死结，是我们的文化发展几千年，甚至是我们作为生物演化几百万年来的一个死结。男人和女人都执着在这个死结上，于是催生了最男人的男人，也催生了最女人的女人。

如果要维持这两者的平衡，最好是双方的灵魂都是死的，那样双方就会想，这是男女相处的法则，我们得遵从这个法则，尽管有些痛苦，但法则如此，所以忍受就是了。

然而，三个男杀手的灵魂复活了，这就产生了共振，使得那个女子的灵魂也复活了。她的灵魂复活后，首先散发出的是积攒很久的冲天怨气。

这种怨气，既反映了深藏在我内心深处的女性的集体无意识，也反映了X和那个三十多岁的美女的故事。梦中那个毁灭性的死亡之海摧毁了许多城市和村落，象征着她们主动作为第三者对那些家庭的摧毁。

梦中，三个男杀手不断地忙着疏散人群，并通知“美国国会”来构建大坝，可能象征着我在和这两个美女，以及其他充满怨气的女性聊天时所做的工作。

但这怨气是堵不住的，只有理解才能化解它。所以，当那女子说“我爱我叔叔”的那一刹那，她就充分理解了自己的怨气，一旦达到了这一点，死亡之海一瞬间变成了清澈的大海、瀑布和河流。

死亡之海和清水之海，都可以理解为欲望。欲望，当是控制、征服和占有时，它就是毁灭性的；当是爱时，它就是生命之水。

“我爱我叔叔”这句话里，还藏着一个重要的信息：这个女子的爱是一种乱伦。梦中的女子说爱叔叔，现实中的X和那个三十多岁的美女，她们做第三者的动力其实都源自父爱的缺失。

也许，我把自己这个梦解得过于宏大了，很可能，它只是反映了我自己内心的一些纠葛而已。

因为，梦中的美国人在输送构筑大坝的材料时，他们显得轻松幽默。可能梦是在提醒我，世界一直以来就是这样的秩序，这只是你自己那么紧张而已，即便你担心的事真的发生了，这个世界也一样在照常运转。

天上有一条凶猛的龙

〔尊重关键性细节〕

梦者：心语，女，30 岁。

梦境：我从一辆红色捷达车上下来，车上坐着我的妈妈和我的两个女儿。刚一下车，我就感到空气凝结，抬头就看到天上有一条凶猛的龙，此龙毛须可见，鳞甲锋利，张牙舞爪，就像故宫中极有威严的那种。我恍惚感到要大难临头，内心恐惧不安，急忙带着我妈和我的两个宝宝坐在车上逃离。

逃亡路上，看到车窗外人们四散奔逃，开车的，骑摩托车的，走路的，大家都在议论着要有灾难降临。就这样开车走啊，最后走到了一个地方，是我姥姥那里的一个地方，看到了龙的头，龙头朝下，喷出了烈火，那一股火把周围很大的一块地都烤焦了。

我想，怎么办呢，继续向前走，还是不走了呢？犹豫中，梦惊醒了。醒来后，就睡不着了，好像还沉浸于梦中的那种恐惧、犹豫、不安中。

分析

我在《韩国明星掉下悬崖：梦知道你的重要决定》的最后写到“每当有重要决定时，聆听一下梦的表达是至关重要的”。心语的这个梦则再次显示了这一点。

原来，心语有一个非常重要的决策即将做出。按照原有计划，做这个梦的两天后，她就要签订一个租赁合同，租下一个厂房。这个厂房，她找了很久才找到，地段和价格都非常合适。

一旦租下这个厂房，心语说，“就是开弓没有回头箭”了，因为办这个厂需要她投入所有的资金。但是，她心里有些犹豫，毕竟，当时的经济环境不好，全球都在闹空前严重的金融危机，需求下降，在那时倾全部资金建一个厂的风险就大了很多。

这是一方面的考虑，另一方面，她想，就算整体形势不好，总不能不做什么啊，坐吃山空是不行的，何况“我的家开支不小”。并且，她还想，一切事在人为，风险什么时候都有，不能因为全球金融危机就什么都不做吧……

在这种犹豫中，她做了这个梦。

看到心语的这个梦和她的考虑，我脑海里蹦出了一句话：如实地看待问题。

最近，这句话一直在我脑海里浮现，因为我发现，在看待问题的方式上，人可以简单地划分为两种：第一种人能如实地看待问题，第二种人则是根据自己的需要看待问题。

这两种看待问题的方式也导致了迥然不同的结果，第一种人似乎总能出人意料，尤其是在关键时刻，他们的行事方式有时堪称诡异，却很容易扣住命运的脉搏，而第二种人平时的决策或许还算可以，但一到关键时刻，就会失去判断力。

具体到心语这个梦中，那条巨龙无疑是当时金融危机的象征，梦是在提醒她，她必须尊重这场金融危机，而不能按照她的意志去行动，否则她就会进入死地，这条巨龙释放的火焰会将她的目的地的一切化为乌有。

现实中，心语意识到了这场危机的严重性，但她对此没有表达充分的尊重，而是仍然执着于自己的意志和需要，好像有一种东西将她拉入了深深的幻觉中，当她试图去尊重金融危机时，这种幻觉就会努力去说服她，说什么“我家开支不小”“总不能什么事情都不做”等等套路话。这些套路话，放到平时是没问题的，但非常时期必须有非常考虑，如果还按照这些模式去做决定，那她最终就有可能抵达死地。

不过，心语的这种思维方式并不罕见，甚至可以说，这是主流的思维方式，从股市牛市到全球范围的金融危机，我屡屡见到这种看待问题的方式。

我在《你已经死了：内心的担忧》一文中谈到，我一个朋友阿嫣在 2008 年 1 月 19 日做了一个很可怕的噩梦，梦见她乘坐的电梯飞速下滑，坐在同一个电梯里的人都死了，而她貌似幸存，但梦还是说，她已经死了，尸体正在路上，一会儿就会被送到家。这个梦预言了 1 月 21 日 ~ 22 日即将到来的股市风暴，在这个风暴中，所有股民都将“死掉”，而她也不会例外。如果她能意识到这个梦中的玄机，她就可以在那时及时逃离股市。不过，这个要求太难了一些，毕竟能清晰地捕捉到梦的寓意的人是少数。

她本来还有一个很好的机会。1 月 21 日一早，她乘坐同小区一个朋友的车去上班，这个朋友是老股民，因善于决断而在炒股的小圈子里小有名气。在上班的路上，这个朋友一直在给妻子打电话，叮嘱并指挥她把所有的股票抛掉。同时，他还劝我这个朋友也把股票抛掉，因为他觉得一个罕见的危机时刻到了。

事实证明，这个男子的做法太明智了。并且，早在 2007 年 5 月 30 日，当政府突然调整印花税时，他就做过同样的事——在第一时间将所有股票抛掉，而我这个朋友也知道他的这一光辉事迹。并且，她另一个朋友也敏锐地感觉到，一个罕见的全球性经济危机就要到了。此外，她 1 月 20 日晚上给我打电话描绘股市情况以及美国次级债的情形时，一直对经济都不感兴趣也不了解的我居然恐惧起来，还上网去了解了一下情况，而我和她的那个朋友的感觉是一样的——或许全球经济寒潮来临了。但是，所有这些信息她都没有尊重，她仍然执着于自己的意志——“我已经亏了那么多，就这样撤出来，太不甘心了，而且我相信股票还会涨上去的”。

也就是说，对她而言，那么多关键信息都没有得到尊重，而她只是在尊重自己的意志和需要。结果，她当时没有清空手里的股票，并且还有那样的期待“我相信……”，同时还有一点自欺“放在那就行了，我不在乎股市的损失，我早做好了思想准备”。

在我看来，她其实是活在自己的情绪里，熊市带给了她不好的情绪，她想否认并逃避这些情绪，同时也就失去了脱离泥潭的机会。

人分两种，一种人是以情绪为中心，一切都是为了追求“爽”，追求好情绪，如果事实不能给自己好情绪就无妨来点阿Q精神；另一种人是以问题为中心，越是在危机时刻越能保持镇定，而能以一颗平常心在非常时刻捕捉到关键的信息并尊重事实本身，最终也就能在非常时期做出非凡的决定来。前面讲到的那个在1月21日将所有股票抛出的男子，自然属于后一种人。

在股市中，后一种人中更伟大的代表人物自然非“股神”巴菲特莫属。在当时全球经济哀鸿遍野的情形下，他突然变身为激进派，大肆购买金融类股票，而据说这是他第一次购买这类股票。报道巴菲特这一事件时，新闻媒体都用了巴菲特的一句名言——“别人贪婪的时候我恐惧，别人恐惧的时候我贪婪。”

这句话真是经典，然而，为什么别人学不到这句话呢？甚至，这句话真能学习吗？譬如，如果你将巴菲特视为偶像人物，你自觉地执行这句话的哲学，那么，你能和巴菲特一样成功吗？或者，你能成为一个一般意义上的股市牛人吗？

我接触的金融界人士比较少，不敢做评判。如果硬要做判断的话，我会说：“No！”

因为，在我看来，这句话只是一个表面现象，更深层的原因，是巴菲特有与众不同的信念，这个信念，巴菲特自己在接受记者采访时说过：“父亲在我很小的时候就教导我要凭借自己的感觉来判断什么是对的，不要根据他人的意见来做判断。”

这句话的精髓是，要信赖你的感觉，以此来做判断，而不是根据别人的意见做判断。

其实，面对任何事物时，每个人都有感觉产生，关键是你是否尊重这一感觉。譬如阿嫣，她的梦如此栩栩如生，这显示她对股市和经济的未来走向有明确的感觉，但她没有尊重这一感觉，而是尊重了她的欲望或情绪——“我不能接受赔”，最终导致了她的巨大损失。

心语的故事也显示了这一点，她的梦清晰地显示，对于这场经济危机的严重性，她有明确的感觉，但她对此不够尊重。

◈ 失去了对感觉的尊重，就会晕起来

在这场股市狂飙中，我也有过动摇的时刻，但所幸，我最终还是遵从了我的感觉。

最早在 2007 年黑砖窑事件爆发时，我对整体的经济形势的走向就有了很不好的直觉性判断。此后不久，我认识了几个比较厉害的朋友，其中一个朋友说，多位经济学家亲口向她断言，中国股市在奥运前会涨到 9000 点到 10000 点。即便奥运前涨不到，2009 年也会涨到。

这是真的吗？我不能相信，因为我所了解的信息给我的感觉大多是消极的，但这个朋友引用的经济学家的话也很雄辩，用一种强大的逻辑将很多信息套起来，最终的确是可以导出那样一个结果——不管一些小事情的细节如何，最终股市还是要到 10000 点的。

不过，雄辩归雄辩，我还是不信，同时我也不愿意花费时间和精力去炒股，所以这对我没什么影响，说说也就过去了。

到了 2008 年 2 ～ 3 月，股市跌到了 3000 点左右时，我这个朋

友还是非常有信心，她仍然断言说，股市在奥运前会涨到9000点，并劝我说，现在的机会多好啊，赶快进来抄底吧。

只有这些断言的话是打动不了我的，但她还举了一些例子，讲他们如何听从那些专家的判断，在外汇等方面做了多么正确的抉择。

一时间，我动摇起来。黑砖窑事件又如何？大雪灾又如何？这些事件对经济的影响应该不会太大吧？

何况，我对经济并不了解，而这个朋友的家族很有背景，她也许能从一些途径知道我所不知道的内幕消息……

最终，我开始想，也许我错了，我的感觉并不可靠。

做了这个判断后，有一段时间里，我整个人都处于一种飘逸状态，有点兴奋。我还真去了一趟银行，想办理一个股票的账户。

不过还好，我是一个最怕麻烦程序的人，而办理相关账户还要做另外的事情，我一时嫌麻烦没有去做，最后这事彻底拖了下来，我有幸没有成为这次股灾可怜的直接受害者。

后来，这个朋友和我聊天时称我为“股神”，因为我当时和她聊天时，对股市未来走向做了一个粗线条的描绘，结果基本应验了。

和她聊天时，我讲了自己当时的一个感悟——在任何一个领域，按照模式去看待事物的人，都是缺乏见地的。

说来好笑，这样一个大结论，是我看一个系列电影《虎胆龙威》时的感悟。这一系列电影的主演是布鲁斯·威利斯，他在电影中扮演一个总是拯救世界的男人，从来都是小警察，有一点落魄不得志，却总是遇见超级阴谋事件，并鬼使神差地消灭掉超级坏蛋。而在整个事件过程中，警方和FBI等官僚系统中的人物几乎没有一点贡献，还总是为难男主角。

这只是戏剧性的电影罢了，很多情节都过于夸张。而整个情节则可以用精神分析的术语做出精彩的解剖，但这些有点荒诞的情节，让我想起了自己大学时许过的一个誓言——“假若有一天我开始按照一个固定的模式去生活和思考，那我就去死。”

在《虎胆龙威》这一系列电影里，我看到了当身处关键职位的人按照一套固定的模式去处理危机问题时，让人感觉是何等无奈。同样，当影片中的恐怖分子也以固定的模式去处理问题时，总能创造性地解决问题的布鲁斯·威利斯就成了他们的“死地”。

如果你能尊重你生命中那些关键的事实，如实地看待问题，而不是按照自己的心情和情绪去看待问题，那么你也一定能很好地预见并掌控你的人生。

再回到心语的梦上来。梦显然在告诉她，必须尊重金融危机这个事实，否则她会进入死地。

不过，这也是笼统的分析，而解梦的精髓一样是在细节上。她的梦中的细节是，她带着妈妈和两个孩子来到了“姥姥那里的一个地方”，在这儿，巨龙喷出的火焰烧毁了一切。

这里出现的姥姥或许是一个关键性的细节。在现实生活中，她是那么在乎家人。按一般情形，当危机出现时，我们应该调整自己的生活开支。假若心语家庭开支不小，合理的情形是压缩开支，但她的来信给我的感觉是，她宁愿冒险投资，也要保证家人现有的生活水平。

看来，保证家人的幸福也是她在事业上冒险的核心动力。

那么，这个动力，是来自姥姥这里吗？是姥姥曾托付她照顾妈妈吗？或者说，她无形中认同了姥姥，而主动担负起了照顾妈妈的重担？

如果是，那么这种重担和照顾孩子是不同的。照顾孩子时，一般我们能用平常心看待问题，如果形势比较艰难，我们可以调整开支，而不会有压力。如果是照顾妈妈，那么面子、尊严和义务就是非常重要的因素，这时我们可能会宁愿承担着巨大压力，也不愿意让妈妈有不好的感觉。

如果真是这样，心语就需要正视这一点，带着对这一点的觉察再去做决策，就会理性很多。

并且，她一定还能找到更好的方式表达对妈妈的爱与尊重，并不是非得用物质表达。

同样，即便在金融危机之下，她也不一定非得压缩阵地，她仍然可以主动进攻，就像巴菲特那样。但是，她一定要首先尊重金融危机这个事实，而不是无意中假想这个危机不算什么，那样的话，她一定会陷入死地。

Part 3

觉察情感梦，不做亲密关系的巨婴

从梦中看见真实的自己

一个人的疯狂和不正常的程度取决于他的个性和他的本质之间的分歧程度。一个人对自己的了解与他真实的样子越接近，他就越拥有智慧。他对自己的想象跟他真实的样子相差越大，他就越疯狂。

——罗德尼・科林

之前我去北京讲课，想到了一个练习：

舒服地坐端正，闭上眼睛，先感受一下你的身体。放松，想象你在走一段楼梯，走近一栋房子，打开大门，进入客厅，你看到一扇更小的门，打开这扇门，进入一个房间，房间里一面镜子对着你，从镜子里，你看到了什么？

（说明：做这个练习时，如感觉非常难受，别勉强自己非做下去。特别痛苦的话，需要专业人士陪伴，至少，别一个人做这个练习，身边有亲友陪伴最好。）

一般来说，我们从镜子里看到的，正是自己，或者说，是自己的镜像自我。这个练习的哲学依据，来自一个简单的说法：万事万物都是我们的镜子，我们须从镜子里看到自己。我最喜爱的诗人鲁米，则对这个哲学做过最美妙的表达：

每一秒钟，他都会对着镜子鞠躬。
如果有一秒钟，他能从镜子中看出里面有什么，
那他将会爆炸。

我们所有的知识，我们对世界的感官认识，其实都是镜子里的一种幻象。当对此没有觉知时，我们会信以为真，觉得一切都是再真实不过的东西，处处都是真理。但若能懂得，“我”与“我”所有的知识甚至万事万物，都不过是镜像。那么，如鲁米所说：

他的想象，他的所有知识，乃至他自己，
都将消失。他将会新生。

特别是，关于“我是谁”这个问题，镜像自我练习，会是一个简单而强有力的练习。因为，在这个练习中，若你有感觉，即你进入练习状态，那你会直接从镜子里看到你潜意识中关于你自己的信息，而这些信息，常常是你意识不到但又无比重要的。

根据这个道理，镜子中呈现的东西，常常会吓到我们。所以，很多朋友一进入练习状态，就会感觉到恐怖。

做这个练习，当然不是为了吓到我们，如果只是通过镜子看到

我们潜意识中的可怕之物，这也没有意义，关键是转化。

转化也特别简单，可以按照以下的指导语做：

看着镜子里的东西，感受它和你的关系、它和你的距离。想想如果你可以对它说话，你想对它说什么；如果它可以对你说话，它想说什么。

对话之后，再次感受你和它的关系，看看发生了什么变化。

当然，在这个练习中，并不是必然会出现恐怖感或恐怖之物。如果你的潜意识和意识差距不大，准确地说，你的外显自我与内在自我差距不大的话，你的镜像自我和真实自我就比较接近，这意味着，你的自我比较和谐。这种情形下，镜子中出现的东西就不会让你有恐怖感。

自我冲突很严重的人，其外显自我和内在自我太矛盾，于是潜意识里会藏着意识上很多自己不愿意碰触的东西，这部分潜意识就会以比较恐怖的形象出现。这份恐怖，并不意味着潜意识就是这么恐怖，而是反映了你意识上对这部分潜意识的态度，你越是拒斥不接纳它，它就越显得恐怖。

不管出现什么，感受你与镜中意象的距离——这意味着自我对它的接受程度。如距离很远很模糊，试着和它对话，逐渐靠近它或让它清晰，乃至拥抱它。

不过，最好顺其自然，别太勉强自己，如果是目前的自己绝对不能接受之物，那么不必太勉强自己和它靠拢与整合。

心理学家申荷永老师说得好：心灵的事，慢慢来。

这个练习中，不只是镜子，楼梯、房间等其他部分也有意义，如果在其他部分你有很强的感受，那么，体会这部分的感受，试着去理解它，聆听它要表达什么。

有次我在广州一个大会场讲梦，一开始先引导大家做了这个练习，有三个学员做了分享。

第一个是男学员，在他的想象中，打开房门进了客厅，客厅里很热闹，家人云集，感觉很好，但进了小房间——卧室后，觉得里面很模糊，而镜子里什么都看不到。这个学员长着典型的中国好男人的脸，他的意象或是显示他很在意家人，努力为家人而活，但遗忘了自己，所以镜子中看不到自己。

第二个是女学员，她说，想象中一走进楼梯，就感觉到非常悲伤；进入房子后，觉得很孤单；而进入卧室后，在镜子里看到的是一具骷髅。

很多心理学专业人士，如北京林业大学的心理学教授朱建军和广州的资深心理咨询师荣伟玲都发现，骷髅，是中国女性常见的一种内在意象。《西游记》里的白骨精是这一意象的经典表达。骷髅，意味着缺少血和肉，而情感就是血和肉，也就是说，有这一意象的女性在成长中特别是童年时期，缺乏情感的滋养。这个女学员在练习中体验到的悲伤和孤单，即源自此。

第三个也是女学员，她则从镜子里看到了一个女鬼。鬼，常意味着我们意识上彻底不能接受的坏自我或坏客体，而女鬼的镜像，则意味着这个女学员不接受自己的一些特别重要的人格部分，它们因而滑入到潜意识的黑暗中，而成为鬼。

我在新浪微博上公布这个练习后，有至少上千名网友分享了他们的练习过程，我简单做了归类整理。

直观统计发现，觉得这个练习令人恐怖的占了多数，其中少数网友因为恐怖感而拒绝做这个练习。

练习中频繁出现的意象，则有如下几类。

1. 看见自己，并且自我与镜像相互接纳。

如三位网友的分享：

- 看到自己平静的脸。
- 一个略丰满的裸体女人，感觉是我自己。
- 一直充满好奇和新鲜感，略带紧张，看到镜子里的自己很羞涩又很亲切。

假如太平静，在整个练习中都不是很有感觉，那看到自己，或意味着没进入状态。

假如蛮有感觉，而从镜子里看到真实的自己，这意味着一个人的外显自我和内在自我比较一致。

2. 看见理想的自己。

如两位网友的分享：

- 看到一盆开得灿烂的花，还有头戴皇冠、穿得很青春的自己。
- 镜子里面的那个家伙长得真是太帅了，让我都想舔镜子了。

这种情形，我在课上没遇到过，所以不敢轻下判断。其实我的分析也是猜测和假设，关键是练习者自己与镜像的对话。

正好，一位网友问道，如果镜子中看到的是“希望变成的自我”意味着什么。我建议她和镜像对话，结果她分享说：

我问她，我真的可以变成这样吗？她说，我在将来等你。但是，整个形象挺模糊的，我看不清楚。

里面的我笑得挺自信的，但我觉得自己不大自信。与遇到对自己重要的事情就会觉得很紧张的自己不同，感觉她不管遇到什么事情都会平静地面对。

我想要去拥抱理想的我。第一次她笑得很恐怖，幻化成各种怪物，一瞬间，背后凉飕飕的，那一刻我觉得，将来的自己有可能会变成这样。第二次是我们之间横亘着无法跨越的距离，我想要走过去接近她，然后整个人往深渊下掉。第三次是她走出来，我们刚拥抱的那一刻，她是冰冷的，然后破碎了，现实的我出现了。

这是一个细致的与镜像中的自我意象对话的过程。从中可以显示，这个理想自我，很可能是对现实自我不接纳而想象出来的结果。

3. 看见自己，自我与镜像相斥。

如两位网友的分享：

- 这是一个小的衣帽间，看到了全身赤裸的自己，表情很漠然。
- 我只看到了自己，而且感觉不太好，我不想待在这儿。

4. 看见小孩。

看见小孩，如婴儿、小男孩、小女孩等，那意味着在碰触自己的内在小孩，这是最生动、最有情感的意象之一。

如四位网友的分享：

• 一个小女孩，沮丧而且无能为力。旁边还有个女孩陪伴着我，是我的妹妹。

• 一个五官模糊被裹成一团的婴儿。我看到这个意象后，恐惧得牙齿一直在发抖！！武老师，那婴儿是我吗？

• 是一栋破旧的木房子，一共两层，楼梯踩上去咯吱咯吱响。镜子里的我小小的，坐在地上，头埋进两个膝盖之间。周围是很多旧东西，里面有我的回忆，我想去抱抱她、亲亲她，却有点害怕她身上冰冷的感觉……

• 看到一个被人抱走的小女孩，应该是我自己，是 6 岁那年爸妈离婚时被叔叔抱去奶奶家的我。

这是童年的记忆与体验，直接从潜意识或心中投射到镜子中，如很直接的回忆一般。

有小孩意象的，可以试着很耐心地和意象对话，逐渐靠近，这应该不是一个很有挑战的过程。如果是自己与小孩意象拥抱，或自己作为大人去治疗自己的小孩意象，这会是很好的自我治疗。

5. 看见身体的某一部位。

如有网友看到“红色的唇”。

6. 看见女巫，或老女人。

如两位网友的分享：

• 睁开眼做这个过程的时候看见的是巫婆的脸，闭上眼做这个过程的时候看见镜子里是那个笑得阳光灿烂的自己。

• 一个衣衫褴褛瘦骨嶙峋的老太太。

女巫是很常见的意象，常是对童年时关于妈妈的体验的一种表达。童话中的所有女巫，都可以说是对妈妈或其他女性抚养者的表达，而且常见的是坏女巫，这是对妈妈身上坏的一部分的表达。当然，这个坏，是我们作为孩子的体验性感知，并不意味着，妈妈就是不好的。好女巫，则是对妈妈力量的一种感知。

镜中看到女巫，并觉得像自身一部分，或干脆就是自己，这也可以说是对自身女性特质的一种理解，常来自对妈妈的认同。

7. 看见动物。

如四位网友的分享：

• 一个类似土拨鼠的小玩意儿，棕色的，可以想象那个门有多小。

• 看见黑天鹅。

• 一会儿是我今天的样子，一会儿是一头狮子。

• 灰黑色的大狼。

8. 看不清楚。

如一网友说，看到了“白茫茫的一片雾”。这可能是因为对自我缺乏认识。

9. 一片漆黑。

一网友说“进入房间是深幽的黑”。黑，或是雾的升级版，意味着意识之光几乎还未曾照进潜意识。

10. 恐怖或恐怖之物。

如三位网友的分享：

• 感觉房子附近没有人，黑洞洞的，楼梯间有窗户，可以看到外面白色的月光，客厅里有暖黄的光，房间有点暗，镜子里是黑白混杂的不知道是什么的东西，挺吓人的，感觉是恐怖本身……

• 先是看见面目狰狞的自己，但一秒钟后是她深深的悲伤的样子，很心痛。

• 金碧辉煌的客厅，极黑的小房间，骷髅，但是有颗跳动的红心，有光照进来，光照到的地方，好像有血肉生成。

第一位网友的分享，让我想起了张晓刚的一幅画。或许，能配得上“恐怖本身”这个词的事物，只有让婴儿独自待着时的体验，那时一切外在和内在之物都是恐怖，都像是死亡。

第三位网友的分享很经典。金碧辉煌的客厅，意味着一种表面的喧嚣、热闹与繁华。而极黑的小房间，是自己的内心藏着一个严重缺乏情感滋养的骨架，但好在有一颗跳动的心，并且意识之光照进来，就可以看到一些被忽视的血肉，即情感。这位网友，可以试着有意识地想象，让光一寸寸地照亮整个骷髅。

11. 鬼。

如两位网友的分享：

• 长发白衣女鬼，不过是在小房间的左侧，并非在镜子里，一进门就看到了。

• 镜子里看到全是带血的脸，像鬼片一样。小房子里到处都是灰尘，脏乱。

第一位网友的女鬼意象，或许是童年时的重要客体，譬如对坏妈妈的感知。第二位网友看到的血脸，可能是被遗忘的受伤感的表达。

鬼，一般是各种意象练习中都容易出现的东西，它是我们对一些不能接受的坏自我以及坏他人的象征性表达。

12. 恶魔与天使。

如五位网友的分享：

• 看到了恶魔，然后又看到了天使。

• 一个狡黠漂亮的直发女子，一开始冲我眨眼睛，后来她身后出现一个黑色的狰狞的魔鬼，魔鬼想要威胁她；没想到这个女人一点都不害怕，还能和魔鬼相处。最后魔鬼变好了，甘愿当女人的仆人。

• 我在镜子里看见一个怪物，像牛魔王似的东西。

• 一个瘦弱的小魔鬼，它说，你要不时来看看我。我说好。我感觉它是我内心深处的负面情绪，一旦情绪得到宣泄，它就会转化成天使精灵，这应该是一股生命的动力吧。

• 看见一个魔鬼，浑身燃烧着火焰，喷出的火像要吞没我。我惊愕地对着镜中的我问"你怎么了，你怎么这么惨"，感觉镜中的魔鬼自我有可怜的一面。魔鬼狰狞、挣扎、愤怒，又无力，对我说"我怎么这么惨，我恨你"。我觉得魔鬼口中的"你"指的不是我，而是父母和其他人。

恶魔与鬼看起来类似，但在我的理解中，它们很不同。鬼，是一些可怕的体验；而恶魔，则像我们原始的活力。只不过，活力没有被看见时，它就会变成恶魔；而一旦被看见，就会变成天使，或者变成我们自身的力量。

什么是活力呢？用弗洛伊德的话来讲，它有两部分，性欲和攻击欲。牛魔王，或是性欲的象征。第四位网友清晰地感觉到，其小魔鬼是"内心深处的负面情绪"，看起来是愤怒，而一旦转换，即成为"一股生命的动力"。第五位网友说的魔鬼，则是愤怒的升级——仇恨。

13. 理想人物。

如两位网友的分享：

• 周润发一边抠脚一边包饺子。

• 我看到镜子里的是我偶像。

这类似于“理想的自我”。

14. 未来的自己。

一网友说“我看到镜子里，我披着婚纱坐在那里”，这代表的就是一种重要的渴望吧。

真要归类的话，意象的种类还会有很多很多。对此感兴趣的朋友，可以读读朱建军关于意象对话的书。

对这些意象，我做了简单的解读，解读时我常使用“或许”“可能”等词，因为我真的并不知道确切意思是什么，这都取决于做练习的人自己的解读。

解读的办法，是和意象进行对话。先站在自己的角度，看看自己想对镜子里的意象说什么，然后代入意象的角色，看看意象想对自己说什么。如果有对话，就不断进行下去。

同样，如果感觉到这个对话很吓人，不要勉强，就停下来。这个对话过程最好有专业人士陪伴。如果没有专业人士陪伴，有一个自己信任的、温暖的朋友或亲人在旁边也可以。或者，在身边放一个自己特别喜欢的东西，当自己被吓着时，它可以安慰自己。

如果对话能流畅进行下去，那你就会发现，那些可怕的意象是可以因你的对话而发生很好的转换的。其实，这就是将意识之光照进潜意识的必然结果。

如一位网友的详细练习过程：

看见“鬼”的形象（惨白、扭曲的脸，嘴巴很红），和它对话，它说它是我。问它为什么是那个样子，它说是因为曾受到伤害，所以长出了那些不好的东西。我问怎么才能变回我的样子，它说需要温暖和爱。我说具体是什么，谁来给予温暖和爱。我看它，它看我。然后我心里扫描，谁能给予温暖和爱。

我想到了妈妈，然后又觉得不是妈妈，因为妈妈爱的是我，不是镜子中的它，妈妈不认识它。然后我想，我可不可以试试，我可不可以试试抱抱它，并且把这些讲给它听。它看着我，想了想，同意我抱抱它。

我们拥抱的时候，我感到它“长出”来的东西在消融，它变得和我越来越像。慢慢地它开始融入我。最后它完全融入我了，我变得更饱满。

但是好像有一些什么东西，我还是不能承受，我不知道是什么。

然后，我又重复上台阶、开门、进客厅、开小门、进房间、看镜子。我看到了一张干裂、掉渣的脸，就像干涸的土地，其中有一块，从脸上掉了下来。我就不想再往下感受了。

这是非常生动的转换过程，并且能看到，一旦转换成功，“我变得更饱满”。但还是有一些东西，这位朋友不敢碰触，所以在练习中停了下来。

另几位网友的分享也有意思：

• 一头张着血盆大嘴的熊冲过来，然后停在我面前，收起尖牙利爪，做出很萌、很温和的样子望着我摇摆。

• 走到镜子前的过程中心里头有点发紧，虽然四下都洒满了阳光，打开门后还是不太敢看，刚开始很模糊，貌似人身动物脸，动物脸一会儿是豹子，一会儿是兔子。之后是清晰的，一袭黑裙、烈焰红唇的高冷女王，背景是教堂——看来是禁欲太久了。

• 某一天晚上，全身放松，我对自己进行了这样的心理冥想，确实看到了一个人，至今仍然清晰可见，那是对自我的认知。刚开始会拒绝会害怕，但是慢慢看着它，接纳它，发现最后它会绽放微笑。那感觉真的很奇妙！

• 试过三次，最终战胜恐惧打开了门。血眼、黑骷髅，张开双臂似乎在欢迎我，并且张嘴大笑。我很害怕地睁开眼。平静后试了第四次，拥抱了他，他完全没有伤害我的意思。就像在拥抱另一个自己，彼此懂得对方，有不需要语言的极致默契。我们渐渐融合，内心平静，似乎都不再孤单。

• 和镜子里吊着的女鬼说话，她说这么吊着很久了，很难受。我居然不怕她了，就是觉得很替她难过。

• 尝试着问她：你开心吗？她不回答。尝试拥抱她，很开心，结果眼泪流了下来，最后告诉她：我会好好保护你！爱你！

在咨询中，有很多来访者会讲到他们的可怕意象。譬如有一位来访者总觉得有鬼跟着他，我让他将这个模糊的鬼意象在视觉上清晰化，和它对话，结果这个鬼意象最后和他合二为一。之后，他在表达愤怒和攻击性上容易多了。因为这个鬼，很可能就是被他意识上严重拒斥的攻击欲。

还有一来访者，她总觉得家里有一个可怕的杀人狂跟着她。我让她安静下来，和这个“杀人狂”对话，结果刚一对话，这个“杀人狂”立即就变得和善了很多，对她说“我不会伤害你，我一直在保护你”。随后她还明白，这个“杀人狂”一直跟着她，在很大程度上减轻了她的孤独感。

从 1992 年学心理学到现在，我听了太多故事，也见了形形色色的人，我的确相信有一些特殊的东西存在，但绝大多数情形下，我们的梦中、意象对话练习中、生活中常出现的可怕意象，其实都是曾经让我们不能承受的体验转入潜意识的结果。碰触它们，与它们对话，让它们意识化，会给我们带来很多好处。

它们是我们内心的一部分，不必太害怕它们。

沙地上修了个巨大的游泳池

〔爱是一种选择〕

梦者：W，男，28 岁，有一个在欧资企业工作的女友，她一年 8 个月在国外，4 个月在国内。

梦境：在我陕西老家的农村，修了一个巨大的游泳池，圆形的，直径达三四百米。老家很缺水，而村里正用一个直径约 30 厘米的橡胶管往那个游泳池蓄水。

“不对，不应该这样子！”我自言自语地说，“游泳池修在沙地上，不灌水很快就会干的，就是现在里面也没多少水啊，渗得太快了！”接着，我还想到，其实在下面铺一个防水层也可以。不过，我还是觉得这个游泳池太大太奢侈了。这个所谓的游泳池只是一个大沙坑而已。

分析

做这个梦的前一天晚上，W 收到女友的电子邮件，说过几天她就要回广州了，他们又可以见面了。

这是梦的答案。

水象征着感情，那个硕大的沙坑象征着一场无望的爱情，这个意象是对 W 及其女友关系的绝妙象征。

在给我的信中，W 写道，他和女友是大学同学，上学时他很关注她，但觉得她条件太好了，于是一直不敢向她表白。

毕业后，她去了一家欧资企业工作，随即出国接受培训去了。那时，他非常想她，才通过电子邮件向她表达了爱意。

“之所以敢表白了，是因为觉得肯定没希望，所以没什么好怕的了，只是表达一下，憋着实在太难受了。”W 写道。

果真，和他预料的一样，她委婉而坚决地拒绝了他，并告诉他，她正在和一个同事谈恋爱，不过，她和他可以做朋友。

从此，他成了她的朋友。他也很快发现，看似活泼开朗的她其实没有多少朋友，有什么事情都找他倾诉。虽然总听她讲她和男友的事，让他非常痛苦，但因为爱她，他还是一直坚持了下来，做她最忠实的听众。

又过了一年，她和那个同事吹了，而这时，她已离不开 W。于是，两人顺理成章地谈起恋爱来。两人相恋有 3 年了。尽管她每年多数时间在国外，但 W 并未在乎这种时空上的折磨。“真正的折磨是咫尺天涯。”W 写道，“以前我很爱她，但走到一起后才发现我们很不合适，我们的性格、价值观、人生目标都格格不入，在一起的时候缺少那种默契的感觉。并且，在情感和物质上都是我投入多，她习惯做公主，什么事都让我照顾她。”

不过，W 仍觉得自己无比爱她，每次电话、每次见面、每封电子邮件、每件她送的小礼物……都是他生命中“最重要的事情”，能给他自然而然地带来种种激情、温暖和思恋。当然，偶尔的争吵与冷战，绵长的思念，以及性格等方面的不合，也给他带来巨大的折磨。

W 说，她其实很单纯，而且很传统，既然两人走到一起了，她就开始想着结婚的事情。

这让 W 矛盾起来。情感上，他觉得自己毫无疑问是热烈地爱着她，但理智上，他又觉得两人其实很不适合过一辈子。

梦所反映的，正是这一矛盾。大沙坑，即他们的爱情。那个粗大的水管，即他情感上的投入程度。他知道，照目前的状况发展下去，不管他怎么努力投入，爱情这个“沙坑”仍然会很快就干涸的。

此外，梦还有更深的反映：往沙漠里浇水曾给他好处。

“陕西老家的农村”，这一细节或许是在提醒他，他不计成本地在感情上投入的习惯，是在老家就形成的。

沙坑是“村里人”挖的，也即别人挖的，而不是他自己挖的。他这种情形要回溯到他与妈妈的关系上去。

W 在接受电话采访时说，他从小就是妈妈的情感依托，妈妈对他的依赖胜过了对他爸爸的依赖。并且，他还是妈妈的倾诉对象，妈妈把那些烦恼事，更多地倾诉给了幼小的儿子，而不是自己的丈夫或她的成年人朋友。

这会造成什么结果呢？

米勒医师在他和米尔医生、汉姆菲特博士合著的《爱是一种选择》中说，这可以说是一种“情感乱伦”，也是亲子关系的颠倒。

在对儿子倾诉时，其实妈妈变成了孩子，而儿子却变成了“小大人”，扮演起安抚妈妈的角色来。

这就是一个“大沙坑”。当妈妈向幼小的儿子倾诉时，小男孩一方面会感觉到自己的强大，觉得在妈妈这里，自己比爸爸还强大还重要。但另一方面，他毕竟是个小男孩，最多只能安慰一下妈妈，其他方面他什么都做不了。

所以，不管他多么强烈地向妈妈挖下的这个“大沙坑”里投入情感，那些水都会很快干涸。

在这一点上，他完全是一个无能为力的小家伙。

现在，他与女友的关系，在很大程度上是他与妈妈的关系的翻版。以前，虽然做妈妈的倾诉对象挺累的，但他也因此获得了妈妈最大的爱，妈妈对他的关注胜过了对家中其他所有人的关注，这一点也给了他很大的奖赏。所以，他长大后会迷恋上在这一点上与妈妈类似的女友，因为他潜意识中预期自己一样可以获得巨大的奖赏，这种预期让他深陷“大沙坑”。

所以，那个“大沙坑”既象征他与妈妈的亲情，也象征他与女友的爱情。以前，妈妈看似是大人，其实是小孩。现在，女友看似是成人，其实是“公主”。她们都需要他这样激烈地倾注情感，但他的这种倾注不能改变他与这两个“小女孩”的任何一个的情感荒漠状态。

此外，梦还反映出，他暂时还不能承受与女友分手的伤痛。因为梦里是一个直径约 30 厘米的水管，这样粗大的水管意味着，这份感情并不是他想断就能断得了的，假如目前硬断的话，他会感觉到巨大的痛苦。

W 承认这一点，他说他只是偶尔想与女友分手，但一旦当真有分手的迹象，他就会陷入疯狂状态。

不过，梦里也有积极的含义，他已想到，可以给这个“大沙坑”铺一个防渗层，那样它就有可能被灌满了。

听我说到这里，W 若有所思地说，的确，他正在考虑和女友谈判，希望她改变一下她的公主作风，从一个只知索取的“小女孩”变成一个懂得付出的成年女人。他说，如果她真能这么做，他们的爱情或许就有救了。

一个女人与三个男人

〔谈恋爱必须与父母分离〕

梦者：Rose，35 岁，离异，有一个 5 岁的女儿。离异时她很坚决，但丈夫一直拖着不愿办手续，主要是不甘心没从她身上分到足够的钱。

梦境：我去另一个城市出差，和另一个人，但记不得她是谁了。天气转凉，我们到 Bossini(堡狮龙) 专卖店买秋装，店面不算很大，装修也一般。在店员的推荐下，我挑了好几件上衣，就像在市场买菜一样，见到好的就拿，没问价。但后来没买，说是先到隔壁的大排档吃东西。

第二天，我带着女儿又去了那家店买衣服。前夫正等着接女儿，他就在外面看着我们。我帮女儿挑了几件后想找回昨天挑给自己的，突然想到如果前夫看到我买衣服这么大方，一定又要打我的钱的主意。

接下来，我们准备回我们的城市。到了一个牌坊样的大门口，我知道门的那边就是我们的城市。不知为何，我是带着女儿和父亲一起回来的。门外有一家新开张的饮食店，店里灯火通明，门那边我们的城市却黑漆漆一片。

饮食店门口有店员在派发宣传纸和小礼物，并不断地劝路人进去。

我没理会他们。到门口时见到父亲已经跨进门了，我们手里拿着宣传单和礼物——一包卫生巾，外包装和店面的装修很一致。

又有人围过来要给我们宣传单，我对父亲说："别拿那个东西，都是骗人的。"

回到我们的城市后，我还没忘记去Bossini买衣服。这次是和男友去的。那家店我很熟悉，开车时走的是小巷，路很窄。旁边有一条宽点的直路我没走，走的是一条要拐弯的路。我前面已经有一辆车，我们停下来等红灯。

这时，男友说："你的车技就是好。"听他这么说，我有点得意。前面的车启动了，我也启动，车子却没动，我俩相视笑了一下。前面的车已很小心地绕过弯开走了。他说："快开吧，不然又亮红灯了。"我看了看交通灯，感觉一直都是红灯。但车子启动了，右前方有一条铁柱拦着我也照样冲，只是扭了一下方向盘，好像撞了一下，听见车子刮过铁柱的声音，接着就拐弯了。刚把车头拐过去就发现原本不宽的路，路边停满了小车，把路堵得更窄了。我们旁边就是房子的一角，车子完全顶死了，无法动弹……

分析

这是一个非常复杂的梦，涉及了Rose、前夫、男友、父亲和女儿一共五个人，当然核心是 Rose 和前夫、男友、父亲这三个男人的关系。

从内容上看，这个梦也分为三段：第一段是首次在 Bossini，涉及的是 Rose 和前夫、女儿的关系；第二段是在“牌坊样的大门口”，涉及的是 Rose 和父亲的关系；第三段是和男友再去 Bossini，涉及的是 Rose 和男友的关系。

◈ 买到东西 = 获得情感

先分析第一段。

买东西，在梦中常代表着感情的索取与付出，如果可以轻松地买自己喜欢的东西，一般意味着自己可以轻松地获得别人的爱与关注。Rose 在 Bossini 店中挑了好几件上衣，而且不问价格，也是同样的意思。在电话采访中，Rose 确认了这一点，说她当时的确觉得情感上容易得到重要亲人的满足。

不过，接下来就发生了非常有意思的事情，她虽然可以比较容易得到别人的爱与关注，但是她没有要，只是给女儿“买了衣服”。

在梦中，不买的原因是“如果前夫看到我买衣服这么大方，一定又要打我的钱的主意”。但在现实生活中，她的顾虑是，如果她的情感生活太顺利、进展太快，“前夫”会给她制造麻烦。因为，“前夫”只是心理意义上的，他们两人正在闹离婚，而且已基本确定，但还没有走完法律程序，在法律上，他们仍然是夫妻关系。这时候，Rose 不想显得太幸福而刺激丈夫，让他做出不理智的行为，从而破坏她的情感生活。

可以得到，却没有去争取，这是梦的第一段的意思。

◈ 很多车子 = 很多情史

梦的第三段也是类似的意思，但更复杂了一些，具体的意思是，她和男友要想得到幸福会遇到很多障碍。这些障碍，有一般意义上的，也有心理意义上的。

这一段梦境中，和男友开车去 Bossini 买她想要的衣服，意思是“和男友建立情感并确立关系”，车代表着两人的情感，Bossini 的衣服则代表着情感关系的确立。

在这一段梦境中，第一个有趣的细节是，Rose 在开车，而男友夸她“你的车技就是好”。其意思就是，在这段亲密关系中，Rose 占据更主动的地位，而男友喜欢她占据主动地位，还用夸奖她的方式鼓励她为他们的关系领航。Rose 确认了这一点，她说，在这次恋爱中，她的确比男朋友更主动，而男朋友也常鼓励她更主动一些。

第二个有趣的细节是，堵车了，而且遇到了红灯。这很简单，就是在告诉 Rose，她和男友的关系亮起了红灯。更有趣的是，这时候男友对她说“快开吧，不然又亮红灯了”，但 Rose 看到红灯一直在亮，而没有绿灯出现。尽管如此，她还是在男友的鼓励下冲了上去，结果先撞上铁柱，拐弯后又发现狭窄的小路上停满了小车，“把路堵得更窄了……车子完全顶死了，无法动弹”。

这几个细节的大概意思很清晰，是在告诉 Rose，她和男友的关系遇到了一些麻烦，男友鼓励她冲过去，她这样做了，却发现陷入了困境，已经“无法动弹”。

那么，到底遇到了什么麻烦呢？答案是停在路边上的那些小车。Rose 回忆说，那些小车给她的印象：“很旧很旧，好像停了好几年了。”

这些车到底是什么意思呢？

这些车也代表着情感关系，而且是“很旧很旧”的情感关系。Rose 说，她只谈过一次恋爱就结婚了，就是说只有一次情史，而她的男友不同，“他有过多次亲密关系”。Rose 知道男友至少有两次重要的亲密关系，一次是和他的前妻，一次是和他同居了数年没有结婚但有一个孩子的情人。此外，他还有多名红颜知己，其中一名是他现在的生意伙伴。他信誓旦旦地对 Rose 说，他和这些红颜知己的确“有些暧昧”，但他保证与她们任何一个都没有性关系。

Rose 相信这一点，但她仍然隐隐感受到，她对他的这些红颜知己有点不放心。或许，梦是在告诉她，只有一点不放心还不够，她应该对他的前妻、情人和红颜知己更多一点不放心，因为这些“旧车”都将阻碍她和他的这辆车驶向情感的终点——婚姻。

◈ 一张大床 = 很多关系

Rose 并不愿意面对这一点。她说，她不愿意无端猜测男友，以前她也不愿意无端猜测丈夫。或许这种逃避的心态让她做了另一个梦。

这个梦是在文前那个梦之后做的，Rose 梦见男友出差回来，而她就睡在他家的大床上（现实中，Rose 还没有和男友发生性关系），醒来时发现男友也躺在旁边。他轻轻地拥抱她，让 Rose 感觉很舒服，想赖在床上多睡一会儿，男友却在她耳边呼唤：“该起床了，要上班了。”

她磨蹭着爬起来，听到洗手间有人在洗衣服，一看是一个女人在那里。回到厅里，看到男友躺在一个躺椅上，一边脸肿了，他说是牙痛。她问他还能吃早餐吗，他开玩笑回答说：“放心，我还有一边是好的！”

大床，或许象征着 Rose 认为男友的性伙伴太多。尽管她的意识不想“无端猜测”男友，她的潜意识却在表达这个意思。洗手间里有女人在洗衣服，或许也是这个意思。

总之，这一段是在警示 Rose。意识上，她对这段关系“非常满意”，也抱有不小的期望，但梦告诉她，他或许没有那么可靠，起码，她与他要想走到婚姻的殿堂，还需要克服很多阻碍，而这些阻碍都来自他与其他女人的关系。

◈ 牌坊大门 = 女性贞节

第二段梦的含义最为复杂。

一开始，我想这一段梦中的“父亲”，可能是替代性的表达，实际上代表的是她的前夫或男友，而梦的意思就是，她的前夫或男友有婚外性行为，却总是对她进行隐瞒，还用一些冠冕堂皇的话来搪塞她。

后来，我想，这一段梦中的父亲可能就是她的父亲，她和父亲的关系过于紧密，而这最终妨碍了她与其他男人建立亲密关系。

“新开张的饮食店，店里灯火通明，门那边我们的城市却黑漆漆一片”，这句话大有文章。现实生活中，自从有了女儿后，Rose在丈夫的劝导下，做起了生意。她说，丈夫只是发起人，但等生意做起来后，他什么忙都不愿帮，于是她叫来父亲帮她管账，而“新开张的饮食店”，可能就是这个象征意义。

不仅如此，Rose 结婚后，虽然和丈夫买了新房子，但她大部分时间却是和父母住在一起。她说，这样做是为了照顾女儿，但其实是因为存在很大的问题——她丈夫和她父母合不来。

海灵格认为，婆媳关系之所以容易出问题，是因为我们的习惯是儿媳、儿子和公公婆婆住在一起，如果是女儿、女婿和岳父岳母住在一起，那么容易出问题的就是岳父和女婿的关系。

这并不难理解，因为很多微妙的心理原因，婆婆和儿媳会竞争儿子的爱，而岳父和女婿会竞争女儿的爱。

◈ Bossini= 你的男人

我怀疑，Rose 和丈夫的关系越来越恶劣，是导致他们离婚的一个重要原因。她住在父母家，丈夫一周中有一两天去她父母家和她待一待，其他时间他都是待在新家里。

这是什么意思呢？

不就是“新开张的饮食店灯火通明，门那边我们的城市却黑漆漆一片”吗？她的情感仍然滞留在父亲那边。她虽然长大了，却仍然没有完成与父亲的分离，不能投入到她的独立生活中去，结果就造成她的独立世界里情感比较匮乏，是“黑漆漆一片”。

更多的细节展示，可能是她父亲离不开她，而不是她离不开父亲。因为，这个店的店员一劝，她的父亲就进去了，而她却不为所动，当有人又要给他们宣传单时，她还对父亲说："别拿那个东西，都是骗人的。"

这可能意味着，父亲有意无意地用一些手法，与Rose仍然保持着很紧密的关系，他不愿意与Rose分离。其中一些手法Rose并不愿意接受，她知道那是骗人的，但是有一个重要的阻碍，让她不愿意离父亲而去。

什么阻碍呢？就是"牌坊样的大门"。

牌坊，通常指的就是女性的忠诚，在这儿或许指的就是Rose对父亲的忠诚。这个牌坊立在饮食店和城市中间，有着强烈的象征意味。饮食店这个狭小的世界，有她与父亲，而城市那边，是开阔的、未知的、黑漆漆的世界。她怕进入那个世界，她也想进入那个世界，但要进入那个世界，她首先要克服牌坊对她的阻碍。

现代心理学认为，人们谈恋爱时经常会产生一些莫名的忧伤。这些莫名的忧伤，很多源自与父母的分离，我们要进入自己的世界了，我们要选择自己心仪的恋人了……这同样意味着，我们必须要离开父母了，这种心理丧失让我们不由得产生一些忧伤。我们本来是想继续保持对父母的忠诚的，这甚至是独一无二的忠诚，即只爱父母而不爱恋人，而这就是牌坊的含义。

但是，生命的本质之一就是，我们必须离开父母，必须进入独立的世界，必须找到自己心仪的恋人，从而组建真正属于自己的世界。

具体到 Rose 这里，就是她必须走出那个牌坊样的大门，进入黑漆漆的、未知的城市，那里才是她真正的归宿。

这可能也是 Bossini 的意思，Bossini 可以理解为“你的老板”，再引申一下就是“你的男人”。Rose 要去 Bossini，其实就是要去找真正属于她的男人。爸爸不是她的男人，因为爸爸是她妈妈的男人，只有“前夫”和男友才是她的男人。

所以，梦中很有趣的是，陪她去 Bossini 的，是“前夫”和男友，而父亲没有在那个情境中出现。

Rose 说，现在，她已不再和父母一起居住。

这是一个好的开始。

我到底想要什么

〔你正在错过你最值得珍惜的爱情〕

梦者：Lily，女，27岁，广州某外企中层管理人员。

梦境：我出差回来，公司给我举行了一个欢迎仪式，所有的“头脑”都来了，不仅广州，全国甚至亚洲和全球的CEO都来了。

我只是广州分公司的中层，但奇怪的是，我不觉得受宠若惊。

不过，仪式上出现了一个小插曲。公司的一个合作伙伴出现在仪式上，他走过来紧紧地抱住我，并用很低的声音问我：“我给你多少钱，你才肯和我睡一晚？”

我感觉他的身体有了反应，但又挣不开他，非常生气，狠狠地对他说：“没门儿！多少钱都不行！”

后来，他松开了手，放开了我。我还是非常恼火，觉得刚才羞辱他羞辱得不够。我知道，他很有钱，我可以说一个大数目，譬如10万美元，让他死了心……不过，他没有10万美元吗？

接下来，公司又在一个五星级饭店给我举行了欢迎仪式。不过，到了那里我好像就不是主角了，变成了一个普通的与会者。

那个男人也到了那儿，他又来找我，要带我去吃无比珍贵的东西。具体是什么说不清楚，但我知道，那是最难得的，世上没多少人吃过。他先向我描绘，说那个东西多么美好，我听得很动心了。这时，他问我："我带你去吃那个东西，你肯和我睡一晚了吧？"

"没门儿！"我又一次斩钉截铁地拒绝了他。

最后，我一个人走出那个喧嚣的饭店，突然觉得有些失落，我问自己，我到底要什么？

分析

这个梦先玩了一个置换的游戏。

做这个梦的时候，Lily 和男友在一起，他们刚刚确定关系不久。梦中的那个男人，其实就是 Lily 现实生活中的男友。

Lily 想了想，承认了这一点。她说，做这个梦的那个白天，男友像梦中的男人一样拥抱过她，而且身体也有反应，让她既有点兴奋，也有点反感。不过，当时，Lily 稍一使劲儿，就推开了男友。男友并未像梦中的男人那样紧紧抱着她不放。

但是，梦中的这个情节，也是有其特殊寓意的。原来，男友追了 Lily 好几年，等两人确立关系后，他又很害怕失去她似的，整天黏着 Lily，这也引起了 Lily 轻微的反感。这种反感，和梦中的男人身体有反应时 Lily 所产生的反感，是一种性质的。

梦中的男人，渴望与 Lily 发生性关系。现实中的男友，倒没有这样的渴望，因为他们两人已经有了最亲密的接触。那么，梦中的男人一开始说的那句话，又有什么含义呢？

它起码有两层含义：

第一，梦中的男人很有钱，这意味着，现实中的男友很愿意给Lily充沛的爱。在梦中，钱常常意味着情感，如果梦见什么都买不起，常意味着自己正处于情感匮乏状态，得不到想得到的情感。

第二，梦中的男人为了和Lily发生关系，不惜付出自己所有的钱。这意味着，现实中的男友为了得到Lily的爱，可以付出所有的情感。Lily梦中的性，指的是爱，梦中发生关系，指的是现实中在情感上建立真正深厚的联系。Lily承认这一点，她说，虽然与男友有了性关系，但她情感上并未觉得多么爱他，而男友也感受到了这一点，于是很黏她，怕失去她。

Lily在梦中的反应也很有意思。她仿佛不愿意和梦中的男人发生关系，还想羞辱他，开出一个超出他承受能力的价格。但是，梦中的那个男人，是拿得出10万美元的。这表明，在现实中，Lily意识上似乎不愿意与男友在情感上更深入，但潜意识上已开始松动了。

Lily也承认了这一点，做这个梦的前一天，她曾很想对男友说，她好像真的开始爱他了，只是这句话没有说出口。

到了五星级饭店，梦中的男人对Lily说，他要带她去吃无比珍贵的东西，而Lily也知道，这个东西，这个世界上吃过的人不多。那么，这个东西是什么呢？就是爱情！

原来，Lily不相信一见钟情，而男友恰恰对她一见钟情。Lily也不相信爱情，而只相信温情，相信日久生情。但是，男友动摇了她这两个成见，让她开始相信，或许男友对她的一见钟情是有道理的，或许爱情也是值得期待的，而且就会发生在她身边。

真要相信了爱情，就意味着两人的情感关系进一步深入，但Lily对两人的情感还相当犹豫。这种犹豫放到梦中，就是Lily又一次斩钉截铁地拒绝梦中男人的性要求。

梦中最关键的信息可能是，当Lily独自一人走出饭店后，突然感到一丝凄凉和惶恐，于是问自己到底要什么。

这也是现实中Lily真切的感受。男友足够好了，Lily并不挑剔他的条件，她只是觉得，内心深处自己似乎还是一个小女孩，还没有做好接受一个男人的心理准备，于是经常莫名其妙地折磨一下男友，与他拉远一点距离，有时甚至想——要是分手了又如何。

但是，每当拉远距离之后，她心中又常有一点惶恐。当偶尔想到分手时，那种惶恐尤其厉害。那时，内心深处似乎会有声音对她说：你正在错过你最值得珍惜的东西。

梦的一开始也很有意思。她的确是在出差时，和男友在外地确立关系的。那么，梦中，广州、全国、亚洲乃至全球的领导们都来祝贺她，无疑意味着，她心中的领导们认可了这种关系。

心中的领导们，是什么？就是超我！

所谓超我，就是我们心中的道德、规矩等条条框框的东西，它最早源自父母的教诲，而“内在的父母”，无疑就是心中的老板了。

Lily是一个条条框框很多的女孩，超我都来庆贺她的爱情了，这表明，这种亲密关系，她的超我已基本接受了。

忠实男友屡有新欢

〔想分手但不愿担罪名〕

梦者：林雪（化名），24 岁，和男友谈了三年恋爱。她和男友是在广州的打工族，来自不同的省份。

梦境：前两天晚上，我梦见我男友对我说，有一个女教师喜欢上他，而他觉得她也挺好的。

听到他这么说，我心里挺不舒服，直到现在，我还记得那种感觉。

然后没多久，我就碰上他推着一辆自行车和她一起去逛街，我很好奇，想知道他们是不是真的要交往了，所以悄悄地跟在他们后面。他们逛了一会儿后，两人各自进了男、女厕所。随后，我醒了过来。

之前，我还有三次梦到他有第三者，差不多是每隔两三个月就会做一次这样的梦。

相比于这一次，前三次更糟糕。其中有一次，我梦见他与另一个女孩好上了，那女孩还怀孕了。而这些都是一个男人告诉我的，那男人还对我说，他也喜欢我男友，他们偶尔还会在一起。我当时就觉得恶心，原来他还是“同志”。

现实中的我，虽然有点怀疑男友对我的感情，怀疑我们的未来，但我没想过他会有第三者。男友总说他很喜欢我，对我很忠诚，我也没有发现任何迹象证明他有外心。

这是为什么啊？

为什么每隔一段时间就会梦见他，每次结果都是背叛？

并且，为什么我将他的形象丑化得那么厉害，现实中我从没想过他会是同性恋啊？

我很迷茫，不知这梦是预告还是相反的。

分析

◈ 她想分手，却不想担“罪名”

电话中，林雪听起来是一个很爽朗的女孩。

她承认这一点，说自己是一个藏不住心事的人。每次做了男友有“新欢”的梦后，她都会把梦告诉男友，并且“添油加醋一番，然后说他很坏”。之后，两人都会吵几句，林雪说：“我是（下意识中）借机和他吵。”

被“冤枉”了的男友自然会反击，并反驳她说：“一定是相反的，其实是你想找新欢。日有所思，夜有所梦，你白天胡思乱想，晚上就做了这样的梦，却栽赃到我头上。”

林雪知道自己的梦有些怪异，因为她没有发现有迹象表明男友花心，“我只是感觉上对他有怀疑，怀疑他对我不好，我们的感情不稳定，没有未来。”“你想和男友分手吗？”我问她。

她没有直接回答我这个问题，而是说，他们相爱3年了，一开始还好，但因为男友整天忙工作顾不上她，“我心里很不舒服，就和他吵，吵过后他会好一点，但不久又恢复老样子”。

尽管很不满，但林雪从未直接提出过分手。她倒是总对男友说：“你另找一个女孩吧，我们不合适。”

这就是这个梦的答案了。

正常的人，爱过之后提分手，都是一件艰难的事情，因为这会伤害对方。不管对方让自己多么不满，但毕竟是爱过。所以，想到分手都会难过。

部分人，意识到对方将提分手时，会争着先提出分手，与其被抛弃，不如先抛弃对方，那样心里会好受一些。

这些抢着提出分手的人，内心的安全感相对较低，他们很惧怕被伤害，那样会显得自己是弱者，而对方是强者。

然而，也有很多人，尽管是自己想分手，却不想伤害对方，于是希望对方主动提出分手，这样造成的伤害就小一些。

这些等着对方提出分手的人，内心的安全感相对较高，他们虽然也不想自己被伤害，但相对于伤害别人，他们宁愿被伤害。

必须强调，其实在很多情形下，等着对方提分手的人，并不比抢着提分手的人更有“良心”，更懂得爱。等着对方提分手的人，其实很可能是不想承担“做坏人”的恶名和责任。

海灵格说，一场感情，无论变得多么糟糕，做出结束的决定并提出来，都不是很容易的事。因为，主动提出分手的人，显然应该承担更大的责任，更容易被斥责为“情感刽子手”，被认为是伤害这场感情的肇事者。我们不想这样做，不想被外人斥责，不想留下口实让对方指责，也不想承担由此而带来的内疚感。

于是，很多情侣就那么耗着。海灵格说，他看到大量的案例，两个人的感情其实早就“死亡”了，两个人对此都心知肚明，并且真切地感受到，这种关系对双方都造成了束缚和伤害，两人都想结束。但是，为了不承担“情感刽子手”的恶名，两人硬是可以耗上几年，只是为了等待对方提出分手。

林雪正是如此。

她的梦，也正是她那句话的意思：你去找第三者吧，你去爱别的女孩吧，这样我就可以不那么内疚地走了。

她说自己对这场感情没有信心，因为“男友不能给我承诺，让我没有结婚的信心”。

其实，是她不想给男友承诺，是她不想与男友结婚。

自相识后，男友多次提出想带林雪去他家。通常，这是迈向婚姻关系的一个重要标志，但林雪每次都拒绝了男友，她说“我不是那么想去”。“为什么不想去呢？”我问林雪。

她勉强承认，她对男友缺少感觉，而且“他的工作一般，前途渺茫，我不是很看好”。

事情再明确不过了，林雪显然是想和男友分手。

但是，林雪自认是一个善良的女孩，而且朋友们也都这样说她，她喜欢自己的善良。

这样问题就来了——她想在分手这件事上留下“善良”的名声。

想分手，又想留“善良”之名，而男友显然又爱她，那怎么办呢？最好的办法就是，男友有了第三者。

所以，林雪才会对他说，你去找别的女孩吧，我们不合适。

所以，林雪会梦见男友有了第三者。

梦是愿望的实现。男友有第三者，这也恰是林雪藏在潜意识浅层的愿望。当这个愿望实现后，她就可以一箭双雕了：理所应当地分手，并且没有任何内疚感。相反，还会有道德上的优越感。

这是很微妙的心理。尽管她对男友说，你去找别的女孩吧，但她又说：“如果他做了错事，出现这种情况（找了新欢），我会恨死他，我会毫不留情的！”

在电话中，即便在这个时候，已经明显有了强烈情绪的林雪仍然没有说出“分手”两个字。

或许，对于她来说，分手是一个道德上的巨大污点，自己决不能这样做。最好是男友找了第三者，而且还是男友提出分手，那样“我会把一切责任都归咎到他身上”。

也就是说，在结束感情这件事上，男友应该负100％的责任，而她没有一点责任，相反还是一个受害者，是一个值得同情的对象。

但是，这种“完美愿望”是很难实现的，因为男友喜欢她，既不会去找第三者，更不会提出分手。于是，林雪只好不断地做这种怪诞的梦。

◈ 两种心态让我们不愿提分手

像林雪这样的心理，是非常常见的。我听到过很多故事，一些男人和女人，他们总是“被抛弃者”，尽管有过多次恋爱，但他们从来没有主动做过“感情终结者”。为了等待对方提出分手，他们可以等一年、两年、三年，甚至许多年。

譬如，一个 25 岁的女孩，她 21 岁起就开始和一个男孩谈恋爱，那个男孩住在她家里，她的父母“像对待亲儿子”一样对待她的男友，在他毕业时帮他找工作，在他工作上遇到麻烦时帮他解决。她也无微不至地照顾男友，“自信是一个完美的女朋友”。但是，这个男孩却和另一个女孩上床了。被她发现后，他乞求她不要和他分手，因为他还爱着她。

这个女孩说，为什么这个男孩这么恬不知耻，得到了这么多还背叛她。我问她，既然这个男孩这么糟糕，为什么不和他分手？她承认自己对他已没有爱，她的父母已经非常反感他，这个男孩也没有威胁她如果分手就报复她或家人，但她就是说不出“分手”两字。

再谈下去，这个女孩终于承认，她最恨的是，这个没有廉耻的男孩为什么不主动滚出她的家，从她的视野消失。

自认为在某一方面完美的人，势必在这一方面存在着严重的心理问题。这个 25 岁的女孩恰恰如此，她自认为是“完美的女朋友”，所以不能犯一点错误，不能像“坏女孩”一样“水性杨花”，也不能做“感情的终结者”。

“完美的女朋友”，必然伴随着“坏透的男朋友”。否则，衬托不出她的完美来。从这一点上讲，这个女孩内心深处，或许是很依恋这个男孩，因为只有这样，她的完美情结才能得到满足。相反，如果碰上一个“完美的男朋友”，只怕她会手足无措，不知道该怎么相处。

这是很多人提不出分手的重要原因。

以下两种心理，往往让人做不了一个“感情的终结者”。

第一，赌徒心理。即，我投入了 10 分，希望对方能回报 10 分，对方却只回报了 1 分，我太不甘心了。于是，我继续投入，希望能拿回那没有得到的 9 分。但对方一如既往地不肯给予回报，于是自己的损失越来越大，而“不甘心”的心态也越来越强。

第二，自恋心理。这样的人有另一种“完美情结”：我很聪明，我永远不会错。于是，当他们发现自己选错了一个异性时，他们会非常难过，但主要不是因这个异性带给他们的伤害而难过，而是为“我怎么会看错他（她）”而难过。由此，他们拒绝直面这个现实，相反，要么是拼命遮掩，对别人说，恋人是多么好；要么是拼命去改造恋人，希望恋人能变得好起来。但这种改造，并非是为了恋人好，而是为了满足自己“我没有选错人”的自恋心态。

◈ 真关爱他，就离开他

所以说，不肯与“错误的恋人”分手的人，并不都是“好人”。他们为了追求自己的“完美情结”和占据道德制高点，既牺牲了自己的幸福，也会牺牲对方的幸福。因为，感觉最终仍将是压倒一切的东西，他们不可能回避这一点，勉强与恋人生活在一起，最终使得他们对恋人的反感和敌意越来越强烈。这样下去的话，就算不分手，对恋人来说也将是一种折磨。何况，很多有这种心态的人，最终还是选择了分手，那对恋人的伤害会更大。

真爱，需要决心、勇气和真正的责任感。懂得真爱的人，要为对方负责，但同样需要对自己负责。那些一味在恋爱中扮演“永远不会错”的人，其实恰恰是不懂得真爱的人。

一个女孩，也是我的一个朋友，谈恋爱时觉得对男友没感觉，于是一个月后提出了分手。男友很爱她，又很善于哄女孩，用尽浑身解数去哄这个女孩回心转意。女孩知道他是在哄他，但看到他对自己这么好，不忍心离开，于是继续交往下去。再过一个月，仍然没有感觉的她再次提出分手，他再次使出浑身解数去哄她，她再次不忍心，于是继续交往下去。再过一个月，她再次提分手，他再次哄她……这样循环了 12 次后，他们结婚了。

结婚后，丈夫对她一如既往的好，而她一如既往地对丈夫没感觉。但结婚意味着承诺，而她极重承诺、极其善良，并认为这是自己的两个优点。她不忍心破坏自己的这两个优点，但也无法改变自己不爱丈夫这个事实……

终于，在婚后的第四年，因为丈夫赌气说了句“那就离婚吧”，她抓住这句话与丈夫离婚了，并且一再对他说“是你想和我离婚的”。即便这个时候，她仍然不愿意做“恶人”，不愿意承认，是她想和丈夫分手。

她仍一如既往地善良。离婚后，想起前夫这么多年来对自己无微不至的爱，她陷入了深深的抑郁，甚至想到自杀。

这时，她才明白，真正的善良就是尊重自己的感受，在交往的第一个月就应该果断分手。

女王统治的城市

〔不想承认自己在爱情中的失败〕

梦者：田先生，29 岁，白领，单身。他先给我发了电子邮件谈到了他的梦，后来又接受了我的电话采访。

梦境：梦的一开始，一个声音说，这是一个女王统治着的城市。不过，梦中这个城市有高楼大厦，有拥挤的车流，有地铁和网络，显然是一个现代城市。

梦的主角是个女孩，二十五六岁的样子，我不认识她，我也没有出现在梦境中。好像是早晨传来骚乱的信息，据说是一切外国人都要被赶出这个城市。她匆匆地从家里跑出，当时只穿着一条内裤，但她不是要逃跑，而是满腔愤怒地要去讨个公道。她说她不是捣乱的人。

城市很乱，她跑上一座高架桥，此时的她已经莫名其妙地穿戴整齐了，一副职业女性的样子。这时，一辆破旧的汽车驶过来，司机是一名年轻人，约 30 岁，旁边坐着一个秃顶的老男人，约 50 岁。他们我都不认识。

女孩拦车，秃顶男人问她：“你是叛乱分子吗？”

“不！我不是！”她斩钉截铁地说。

秃顶男人让司机停车，让女孩上来。就在女孩要上车的时候，突然，她的一条腿疼得厉害，一个旁白的声音说，有人在她的腿里放了仪器，现在是通过遥控仪器来伤害她的腿。但她挣扎着上了车。

后来，车开到了一个大厅，秃顶男人滔滔不绝地用外文演讲，不知道讲的是什么外语。女孩做他的翻译，用的是英语。

就在这时候，我突然醒了过来。

分析

田先生的来信谈到了他的梦，并希望我能帮他解梦。随后，我对田先生做了电话采访。在采访中，尽量本着“做梦人是梦的最好解梦人”的原则，我先让田先生自己进行联想，对梦的一些细节进行分析。

解梦的第一个突破点出现在女孩的腿受了伤上。我让田先生不必拘泥于“遥控”这些过程，而只联想结果——他认识的女孩里，谁的腿受过伤。他一下子想起来，是他以前的女朋友，两年前分手了。

他说，他虽然很喜欢前女友，两人在一起也很默契。但是，他一直认为自己不够爱她，因为他几乎从来没有梦见过她。

而这个梦，无疑否定了他的这一想法。他的前女友，小时候左膝盖下方做过手术，而梦里的女孩，也是左腿受伤，而且受伤的位置和前女友的手术切口是同一个位置。

分析清楚这一点后，其他的细节很快全清楚了。

女孩只穿着内裤就跑出去找公道，反映的是一件真实的事情：三年前，他带女友回农村老家，一天，他早早出门办事。结果，家里闯进来几个小青年，险些掀开正在熟睡的女友的被子（他们那儿有这种陋习）。后来，他们被骂走，但女友仍然非常愤怒。她让田先生去找他们算账，但田先生觉得事情过去了就算了，没有答应。结果，女友自己找到他们，并扇了其中一个人俩耳光。

从这件事开始，带女友回家就演变成了灾难。女友后来不断生他的气，最终惹得他母亲非常不满。此外，女友也做了两件不当的事，虽然是小事，但田先生非常介意。再加上后来发生的一些不愉快，从家里回到广州后没多久，他和女友就分手了。

田先生觉得，秃顶男人和司机，应该分别代表着他的父亲和哥哥。虽然相貌不像，他父亲胖，梦里的男人瘦，但两人秃顶的样子很像。梦里的司机，和他哥哥的年龄相仿。

梦中，秃顶男人和司机让女孩上车。现实中，当女友在家里制造了一些不愉快时，田先生的母亲非常不满，但他的父亲和哥哥对她还是非常宽容，没觉得这些事情值得在乎。

最后一个细节——秃顶男人在大厅里用不是英文的外语演讲，女孩用英文进行翻译，这也有其现实意义。田先生最近刚刚知道，前女友要去德国，而且是作为她老板的英文翻译。

梦到了这个时候，就已经不再是以前的那些含义，于是采访也就结束了。

不过有趣的是，一直谈到最后，田先生还是不明白，为什么梦的地点是一个女王统治着的城市。

这其实很显而易见了，城市就代表着他的家，女王就是他的母亲，而他的母亲是家里的主宰，也正是她对他前女友最不满。田先生之所以在采访中无法明白这一点，只是他不想明白而已。

房子里漆黑一片

〔为别人而结婚是一场灾难〕

梦者：阿眉，女，30 岁左右，一年前和男友一起买了房子，正在筹划结婚。

梦境：1. 房子里漆黑一片，拼命按开关，灯还是不亮，我很害怕，借着手机的光我回房间找自己，但找不到，再找男友，也找不到。

从房间里透过客厅，看到大门外有灯光，但我不敢走过去，就这几步的距离我还是不敢。我非常恐惧，于是给男友发短信，还没等到他回复，我就醒了。

2. 我在等车，车来了，上面全是新郎和新娘，已经没有位置，而且不是我等的那一路。我继续等，又来了一辆，是我等的那一路，但上面人满了，我只好继续等待。

3. 一个晚上做了两个梦，先是梦见自己是同性恋，而对方是我一个很要好的女同事。接着梦见我堂妹竟然做了变性手术，变成了男儿身，梦里我感到很惊讶，堂妹却觉得很坦然。

我这堂妹也很不幸，儿子早产还有多种疾病，丈夫对她和儿子都不好，她忍无可忍之下提出了离婚。

分析

这三个梦的意思很简单，都是在告诉她，这场婚姻不对劲。

其实，阿眉知道这一点。在接受采访时，她说她知道第一个梦的含义，“梦告诉我，我不该结婚，但父母非常希望我嫁出去，我不想让他们失望。”

这是很多人会遇到的困境：面对婚姻，自己觉得不对劲，但身边重要的亲朋好友都在说，快结婚吧，那个人挺好的，于是我们就晕了，不知道该怎么办，甚至最后被说服，真结婚了。

前文提过，我的一个朋友谈恋爱时，每过一个月，她就会对男友说“我们分手吧”，她知道对方是好人，但总是没感觉。这时，男友会很用心地哄她，用各种“小手段”讨她的欢心，她被打动了，不忍心伤害对她这么好的男人，于是继续下去。但再过一个月，她又觉得不对，想分手，男友又哄她……这样持续了一年，两人结婚了。

结果证明，这是一场灾难，不仅对她，对他也是。无论丈夫对她多么好，她仍然没感觉，这样过了三年后，丈夫主动提出了离婚。她同意了，她知道这是她想要的。离婚后她觉得自己深深伤害了丈夫，她觉得自己成了坏女人，于是陷入了严重的抑郁，甚至想到自杀。

直觉早就告诉我们，事情不对劲，不要结婚。理性却告诉我们，挺好的，这个人多好啊，不要错过了啊。再加上父母、朋友等人的游说，很多人真走进了这场多数人都认为很好的婚姻。但婚姻是两个当事人的事情，别人的因素最后都会褪去，他们最后还会回到自己的感觉上来，不合适的仍然不合适。

◈ 他也没有结婚的诚意

在我这个朋友的故事里，起码她丈夫是希望结婚的。但阿眉的梦 1 表明，男友和她一样，并不真正想结婚。

因为，在梦 1 的房子里，既没有她，也没有他。

阿眉说，这个梦让她感到最荒诞的地方是，她还要回房间找她自己，而且还就是找不到。这不难理解，其实是在启示她，她自己的心，并不在这个“婚姻房子”里。

这个梦里另一个让她忽视了的情节是，这个房子里，也没有她男友。这很可能是潜意识要告诉她，她男友和她一样，也并不是很想进入婚姻。

那么，这是谁想要的婚姻呢？在采访中，我得到的印象是，这是阿眉父母想要的婚姻，而她男友也是为了自己的亲人而结婚。

如果这一点分析成立，而他们最后又当真走向婚姻，那么这种现实，比梦还要荒诞。

梦中的后半部分“看到大门外有灯光，但我不敢走过去，就这几步的距离我还是不敢”，其象征意义可能是，她要离开这个“婚姻房子”并不难，只是缺乏勇气。

这个时候，她给男友发短信，或许是想征求男友的意见吧。有时，我们不愿意承担主动分手的压力，而希望对方主动提出来，以减少自己的负罪感。

◈ 成为新人不是她要走的路

梦 2 反映的是她的矛盾心态。她等车，先来了一辆，坐满了人，而且上面全是新郎和新娘，却不是她要等的那一路。这个意思再明显不过了，潜意识通过梦很明确地对她说，“成为新人不是她要走的路”。

接下来，又来了一辆，这是她要坐的那一路公交车，但上面坐满人了，没有她的位置。这可能意味着，她想走另一条路，却认为那条路也不通。

不过，这没什么，因为后面肯定还有更多的车，只是她自己心急，觉得自己 30 岁的年龄再不上车，就太晚了。

◈ 她认为男友缺乏责任心

梦 3 比较特殊，很可能是阿眉内心深处认为，男友缺乏男子气概。

梦 3 中有两个梦。梦常有启示含义，如果第一个梦之后，自己仍然不明白，那么就很可能会出现第二个梦继续告诉你，究竟发生了什么事情。

第一个梦，可能在启示阿眉，她内心深处认为男友不肯负担男人的责任，他们未来的婚姻，像是一种同性恋的关系。这可能是一种象征性的含义，表明男人不能在婚姻中承担男人的角色与责任。

第二个梦，可能在告诉阿眉，堂妹的未来就是你的未来。堂妹结婚后，她的丈夫拒绝承担丈夫的责任，她既要做妈妈，又要做爸爸，非常辛苦。其实，这种可能性已经露出苗头，譬如阿眉自己生病后，她男友根本就不愿意去探望她。梦告诉她，如果再继续下去，就这样进入婚姻，那么她会走上堂妹的老路。

婚姻是两个人的事情，就算不考虑梦，阿眉自己其实已经感觉到，她和男友对婚姻都不够投入。如果这个问题得不到解决，他们当真为了别人而结婚，那很可能，这又将是一场婚姻的灾难。

我杀死了蛇状老公

〔负起婚姻失败的责任〕

梦者：苏女士，和老公在一起有5年了，有一个男孩。

梦境：我和老公都变成了蛇状动物，然后我们开始搏斗。后来，我一狠心就打死了它！当时我们是在旅游的路上。最后，我和一起去的朋友一起回来，朋友也知道这场搏斗和最后结果。但我在回来的路上，一直向朋友谎称他在旅游途中失踪了！

分析

“我们的感情越来越不好。最近我又怀孕了，在一次冲突中，他打我，然后我们厮打起来，这让我又一次对他、对婚姻感到失望。我想流产，可仔细想想，我想要这个孩子的初衷是为了儿子，不希望他孤单，因为我预感我们俩的婚姻是不会善终的！”苏女士说。

在分析这个梦之前，我先讲一点大道理。

我们很容易将焦点集中在别人身上，认为自己的幸福系于某人身上，痛苦也系于某人身上。这样想的话，我们就永远找不到出路，因为别人不是我们的答案，我们的答案在自己心中。

假若你是心理医生或助人者，那么在倾听时应当警惕当事人的这种倾向：我这么惨，都是那个人害的。

表面上，当一个人倾诉时，这似乎总是成立的，但从深层次看，这常常是不成立的。并且，当你停留在表面，试图以类似法官的身份判断谁对谁错时，事情就会演变成“公说公有理，婆说婆有理”，一样是没有出路的。

当你将焦点对准当事人时，或你作为当事人将焦点对准自己时，事情就可以变得既清晰又简单，出路并不难找到。

我们回到苏女士的梦和她的故事上来。

她的故事显示，她的人生焦点不在自己身上，而在丈夫和儿子身上。仿佛，丈夫是她人生痛苦的源头，令她痛苦不堪，让她对男人和婚姻充满了失望感。

相反，儿子倒像她生命的寄托。当她对婚姻失望时，她可以将注意力集中在儿子身上，愿意为他的幸福付出巨大努力甚至牺牲。也或许，她还会想，如若儿子可以幸福，她待在这个婚姻中还是有价值和有意义的。

这也是很多人的共同想法，但这只是意识上的想法而已，潜意识深处，我们都知道，自己才是答案。

现实中，苏女士认为丈夫该为婚姻的痛苦负责，他这么糟糕，他害了她，以及她对婚姻的憧憬和希望。

但梦中，不仅他是一条蛇，她也是一条蛇。在搏斗中，他攻击她，她也攻击他，而且她还杀死了他。

蛇在梦中常象征着性与攻击欲望等本能力量。在苏女士的梦中，蛇显然象征着攻击性。那么，当她和丈夫同为蛇时，再将婚姻冲突的责任全部放在他的身上是否还合适呢？

苏女士和丈夫好像经常发生冲突，她应该好好反思一下，这些冲突真的是丈夫挑起的吗？"最近我又怀孕了，在一次冲突中，他打我，然后我们厮打起来，这让我又一次对他、对婚姻感到失望"，她的话中仿佛藏着一个逻辑，"我已经怀孕了，他怎么还可以打我，这个坏蛋"。自然，这个逻辑有我猜测的成分，它未必正确，如果它不成立，苏女士自然不必反省。

很多时候，我们对一些特定的痛苦有一种嗜好，判断这一嗜好的标准是这类痛苦经常发生，而且是有节律地发生。

一位女士说，她的丈夫喜欢偷情，这令她非常难受。我问她，她什么时候最痛苦。她回答说，当丈夫每次深夜偷情回来后，她会和他吵架，在吵架时，她的痛苦会达到顶峰。吵架带来的这种痛苦很可怕，她不想重复，但她每次都忍不住，会特意等丈夫回来。等丈夫一回来，她就会揪着他问偷情的细节，而他会先掩饰，接着会在逼问下像竹筒倒豆子一样把细节都说出来。这时，她就会有深深的被抛弃感，躺在地上或床上无力起来。

丈夫偷情固然糟糕，但在和她聊天时，我有一种强烈的感觉：她只是表面上很痛苦而已，她内心似乎在期待着那种被抛弃感的一再产生。这令我开始推测，她在原生家庭中应该有过被严重抛弃的经历。

果不其然，她在潮汕地区出生，是老大，有七个妹妹，最小的一个是弟弟，这是她爸爸决心要一个儿子的结果。在这个过程中，每有一个妹妹出生，爸爸都会暴跳如雷，还常叫嚣要将她们赶出家门，而她作为最大的女孩，则不断体验“女孩没人要”的被抛弃的感觉。

为了和这种可怕的感觉对抗，她逐渐发展出了一系列办法：对男人哀怨、愤怒和充满敌意。这是她自我保护的武器。当使用这些武器时，她会产生一些控制感，“男人都是这副德行”“男人都是可怕的”“不要指望他们在乎你”等。为了维护这些在别人看来可怜对她来说却是一切的办法，她会继续找和爸爸类似的男人。

尽管苏女士的故事与这位女士的故事有很大不同，但我想让苏女士看看：她的丈夫和爸爸有没有相似之处？她的婚姻和父母的婚姻有无相似？对那些冲突和痛苦，她真的没有责任吗？还是，她其实和丈夫一样，共同制造了冲突？

梦中，她杀死了自己的蛇状丈夫，或显示了她对他的愤怒，或显示了她的心里不再有他的位置，已不打算再给他机会，在感情中杀死了他。她在旅游的返程中对旅伴说丈夫失踪了，这或许也有同样的含义——他在她的心中已没有了位置。

这是苏女士和丈夫共同制造的，而她的责任看上去更大。但她不想背负这个责任，于是才说他失踪了。失踪的含义是，他主动失踪了。也即，他主动退出了她的感情世界，这不是她的责任，而是他的责任。

在梦中旅游或走一条路是很常见的情景，这意味着心路。苏女士本想和丈夫走上一条幸福之旅，但他们老是厮打在一起，把幸福打没了。于是，她和另外一个人返回来，这好像是说，她在婚姻家庭这条路上已不再把丈夫当作伴侣，而是有了新的伴侣。她还说，“我可没把我丈夫怎样，是他自己主动消失的”。

这个新的伴侣是谁呢？

可以看出，这个新的伴侣很可能是她儿子。她说她暂时还留在婚姻里是为了他，未来生一个孩子也是为了他。再有一个孩子，未来和丈夫关系结束后，她和儿子还会有一个三口之家。

以上也只是分析而已，很可能不成立。这个梦中的旅伴或许另有其意，即便如此，她的这句话“我想要这个孩子的初衷是为了儿子”，也是值得反思一下的。她的儿子自己会这样考虑吗？儿子向她提过这个想法吗？或者，这纯粹只是她个人对未来家庭的一个设想而已。

如果最后这一点成立，那么，苏女士最好明确地对自己说：“我想要这样一个家庭：即便没有了丈夫，也有儿子和另外一个孩子跟我在一起。”这样她就可以确定，她需要为这样一个未来的家庭负责，而不是她的孩子要为这个局面负责。

“我做什么是为了你”，这样的想法是很可怕的，因为一旦“做什么”没有达到预想的结果，我们就可能会说“我为你做了什么，你怎么就不为我考虑，你知不知道我的牺牲和痛苦”。

即便我们最初真的是想“我做什么是为了你”，那也要很明确地告诉自己：“这是我的想法，我愿意这么做，是我得为此负责，对方不必为我这个想法的结果负责。”

再说说苏女士的“预感”。她说“我预感我们俩的婚姻是不会善终的”，这到底是一种基于全部事实上的准确预感，还是一种不由自主的希望呢？苏女士说她读了我很多文章，那么我有理由相信她已经知道“自我实现的预言”。

那么，在她结婚前，这种预感有没有？当她面对其他男人时，这种预感有没有？在她面对自己的原生家庭时，这种预感有没有？

或许这些都不成立，毕竟其中猜测成分太多。

或许，她的先生就是无可救药，他们的婚姻已经无路可走，只剩下离婚一条路了，而她肚里的孩子，她还想生下来，为了她的儿子不孤单。

如果是这样，我想提醒一下苏女士，请对自己说：是我选择了离婚，我会为此负责；是我要生下这个孩子，我会为此负责。

正如在梦中，她杀死了蛇状的老公，起码在梦中，她得为此负责。

小房间，大客厅

〔要感情还是要面子〕

梦者：思思，女，20 岁。

梦境：1. 我前段时间经常梦见自己回到学校，见到我的老师和同学们，回到教室里上课，而且他也在。他是我的同学，平常挺好的，我们恋爱过，不过时间很短。

2. 前不久，我又梦见我的女同桌了，我俩很好，平时都有电话联系。我梦见自己到她家了，她家很大，有 190 平方米。对，我很清楚地记得是 190 平方米，是她妈妈亲口告诉我的，但她家只有三个房间，而且都很小。

令我最奇怪的是，她家客厅却非常大，挂着一副彩色的挂历，台桌都是巨大的，好像什么东西都放大了 100 倍似的。

后来，我知道我前男友也是住在那附近的，不知为什么，我心里就暗暗有了也在那里买房的想法。

分析

思思在给我的来信中说了她的两个梦境，并问了我两个问题：

从学校毕业后，经过一年多的跌跌撞撞，我参加了自学考试，这是不是与梦有关呢？

一直以来，我都不知道为什么我老爱做梦，难道梦境真有先兆意义吗？

◈ 梦是一种先兆吗

这是一个很难回答的问题。仅就我的体验来看，并不能确定。只不过，我也常听到一些很“神”的梦，有强烈而鲜明的预兆意义。所以，我只能对此存而不论。

但是，仅就思思的这两个梦而言，应该不是先兆。

第一个梦中，有两个信息值得关注：她回到了学校，她梦见了他。后者的意思很清晰——她思念他，前者的意思比较耐人寻味。

回到学校，一般有很简单的含义：我们需要学习。

不过，梦里的学习，通常不是我们以为的对知识和技能的学习，而常常意味着超我在提醒本我：你的道德方面需要学习了。

所以，回到学校的梦常缺乏温馨的色彩，相反会让我们在梦中感到强烈的焦虑。这种焦虑，源自我们执行快乐原则的本我和执行道德原则的超我之间的冲突。由此，回到学校的梦常伴随着考试，这多意味着超我对本我的“考试”，或者意味着“内在的父母”对“内在的小孩”的考试。

当然，也不能排除这种梦有很直接的怀旧色彩。譬如，对思思而言，回到学校的梦，可能就是对那段简短的恋情的回味，也可能是对她后来走上自学考试之路的预言。

◈ 房间代表情感，客厅代表面子

第二个梦，也有两个信息值得关注：思思、同桌和前男友的关系，小房间和大客厅。

三个房间，可能意味着一种三角关系，即思思、同桌和前男友的关系。思思后来在梦中暗暗决定也在那附近买房，这也含有竞争的意味。不过，思思没有表达对同桌和他之间关系的怀疑，那么，这个梦或许有提示的含义。即，思思意识上没有看到这种关系，而发自潜意识的梦则提示了这一点。

房间可比作情感，客厅则可比作面子。房间很小，客厅很大，且客厅里的物品都大到夸张的地步，这显然有强烈的象征意义，似乎在说：思思、同桌和他的这种青春后期的恋爱其实并不重要，如果有竞争的含义在，那么竞争的也不是情感，而是面子。

梦的手法常常很隐晦，或许，同桌、同桌的妈妈只是象征意义，梦里的同桌未必就是现实中曾经的同桌，而可能只是思思其他一个较亲密的女友，或许就是他现在的女友。思思想在那附近买房子，意味着思思有和这个女孩去竞争他的冲动。同桌的妈妈则可能象征着思思理性的超我，在告诉思思，房间很小，客厅很大，你想竞争的不是情感，不过是面子罢了。

梦中，同桌的妈妈说到的“190 平方米”也有很强的象征意义，不过因为思思在来信中没有留下联系电话，我不能具体地和她一起分析其含义，但猜测它可能玩了发音的把戏，譬如“依旧是”。

思思的梦中还有一点可能会令很多人感到意外，就是彩色的挂历。因为，许多人的梦是没有色彩的，梦中的情景只有灰、白、黑。他们在知道别人的梦有色彩后会感到好奇，会问，梦有色彩好，还是没有色彩好。

这个问题的答案就是：都好。梦是心灵的需要，梦没有颜色，是因为你不需要有颜色的梦；梦有颜色，是因为你需要有颜色的梦。这一点上没优劣之分。

丈夫在二楼

〔继续和不爱的人纠缠很危险〕

梦者：阿琳，女，已婚12年，有一个刚上小学的女儿。

梦境：我在一栋楼房前站着，我先生在二楼。突然有三个人跑到楼门口，一个人跑了上去，另外两个人进不了楼。这两人中的一个人从地上拿起一块大的黑色的花岗石往自己头上使劲一砸，然后就倒下了。另一个进不了楼的人一头撞到墙上也倒下了。楼房前面的一群人看到这情形都吓得倒下了，我也被吓得惊醒了。

这三个人，我看不清是男人还是女人，他们的面孔我辨认不清，那些围观的人我也看不清楚。

分析

阿琳是荣伟玲的一个朋友，因婚姻问题来寻求她的帮助。

前年，阿琳发现丈夫有了情人，夫妻关系很快降到冰点，经常为此吵架。不久，丈夫向她提出离婚，阿琳不答应。从此，丈夫几乎每天晚上都不回家吃晚饭，回到家里一般都是凌晨两三点了。

去年年底，阿琳因为不堪忍受这种生活，于是割腕自杀，丈夫回来后发现并把她送到医院。此后，他不再说离婚两个字，但仍然很晚才回来，并经常因为一些很小的事情对阿琳大发雷霆。

其间，阿琳的公公和婆婆知道了儿子的事情，他们站到媳妇一边，并发短信责骂儿子的情人。因此，丈夫先是怀疑是阿琳发的短信，并与她大吵一架，知道是自己父母发的后和父母也闹翻了。

现在，两人虽然没离婚，但关系进一步恶化。阿琳自称对丈夫仍然很好，丈夫却稍有不顺就摔东西，电视、手机、笔记本电脑等贵重物品也一样摔。

荣伟玲认为，梦中走到楼门口的三个人，其实都是阿琳自己的一部分，或者说是她的三个子人格。

楼房，在梦中的意思经常是“心房”。丈夫在楼上，意味着那栋楼代表着丈夫的心房。三个人要上这栋楼，却只有一个人进去了，这可能意味着，阿琳认为自己只有一部分能进入丈夫的内心世界。

至于丈夫在楼上，而这三个人在楼下，可能代表丈夫在阿琳心中是高自己一等的。阿琳承认这一点，说丈夫不断地作践她的自尊，不仅辱骂她，也看不起她家里人。

因为没能真正进入丈夫的内心世界，阿琳的两个自己做了什么呢？一个“阿琳”拿黑色的花岗石砸自己的头，进行了严厉的自我攻击。这可能是梦的启迪，梦在告诉她，她以相爱的名义非要和丈夫在一起，其实是在折磨自己。

黑色，代表的就是死亡或愤怒。阿琳此前曾自杀，她其实是用自杀来表达对丈夫的愤怒的。

另一个“阿琳”以头撞墙而死。荣伟玲认为，这里面似乎有绝望和羞愧的意思。“还不如一头撞死算了”，我们常说的这句话，表达的主要是绝望和羞愧。前面用黑色的花岗石砸自己，像是把对丈夫的愤怒转移到对自己，而拿头撞墙，则更像是自责和羞愧。或许，尽管阿琳意识上认为是丈夫找情人，错在丈夫，但潜意识中，她知道，她也有责任，她也有羞愧。

整个梦合在一起，仿佛在说，阿琳进入不了丈夫的心房，她如果非要强行进入的话，她其实是在进行自我伤害。

旁观者，在梦中经常代表着“超我”，即道德、规则和责任等等。他们全倒下了，或许意味着，阿琳自己的“超我”不容许阿琳去做自我伤害的事情——非要进入丈夫的心房。

这个梦，不仅情境可怕，而且还唤起了阿琳强烈的恐惧感，这毫无疑问是噩梦了，是潜意识在告诉她，这样下去有危险。

突然醒来也有其含义，就是在告诉她“这（继续和丈夫纠缠）很危险，不要再这样下去了”。

在梦中，房子常代表着“心房”。它是我们自己的，或者是恋人的。我们徘徊在房子周围，却不能进入，或不敢进入，这很可能意味着我们不想别人进入自己的内心，或我们无法进入别人的内心。

房子也常代表着家，是我们与配偶的关系的象征。如果房子破败不堪，或房子中的气氛非常糟糕，这很可能意味着我们最重要的亲密关系出了问题。

周润发给我递纸条

〔亲密关系的模式有问题〕

梦者：Anna，女，约 30 岁，刚刚离异。

梦境：1. 在一个火车站，我遇到了前夫，他兴高采烈地邀请我去他的新家。

我去了，他的家原来就在火车上，非常糟糕的地方。他所有的只不过是一个座位罢了，周围全是“盲流”，臭味熏天，乱七八糟，实在是太糟糕不过的地方。

我问他过得怎么样，他很兴奋地说，非常开心。

他这样说，我感觉到了羞辱。原来，他宁愿住在这么差的地方，也不愿跟我回去。

2. 我和王菲、安吉丽娜·茱莉、麦当娜走在一起，后面跟着数不清的记者，照相机的快门声响个不停，被人关注的感觉真好。是的，我知道，她们三人是付出了一些代价，但相比这么大的名声，这个代价是很小的。

3. 在一个满是名流的宴会上，周润发走到我身边，和我搭讪了几句，偷偷地往我手里塞了一张纸条，然后转身离开了。

我看了，纸条上是他的电话。这真令人反感，这个看起来道貌岸然的家伙，原来也是一肚子花花肠子。

分析

Anna 是一位堪称耀眼的女子，是大美女，也极其能干。不过，这种外在条件的卓越并不能保证她的婚姻生活的幸福。丈夫坚决与她离婚，之后两个月内，她做了这三个梦。

第一个梦中，被羞辱感是主题，而这也是离婚带给她的主要感受之一。

Anna 与前夫的关系，类似妈妈与儿子的关系。尽管他比她年龄大，但她远比他能干，而且也特别善于持家，于是无论是家里家外，都是她做主，她操办一切。

人们都不看好这种关系，毕竟大家更习惯“大男人”与“小女子”的关系模式。有调查也显示，如果丈夫的收入是妻子的两倍左右，这种婚姻关系是最稳定的。也有人给 Anna 敲过警钟，不过 Anna 享受这种照顾者的角色，而他也喜欢扮演这种被照顾者的角色，所以两人对老生常谈的说法都不屑一顾。

他们结婚三年，除了没有孩子，似乎一切都在朝着很好的方向发展。Anna 的事业越做越好，而他的事业，Anna 也全给规划好了，她深信，只要他按照她的规划一步一步地前进，也一定会有很好的结果。

不料，那年的秋天，他突然提出离婚，说他受够了什么都要听她的、什么都被她掌控的生活。

他刚这么说时，Anna 死活不敢相信，因为她觉得，他怎么敢离开她，他离开她又怎么生活？有人说，满足男人的胃就会留住男人，她做的饭菜可是第一流的。再说，钱主要是她挣的，家也是她打理的，而且她仍然那么漂亮迷人，似乎岁月并没有在她身上留下什么痕迹……

总之，她可以说“出得厅堂，入得厨房”，而他那么依赖她，怎么可能会舍得离开她。而且据她了解，他并没有外遇，他的周围也绝对没有可以和她相提并论的女子。

因为不相信他真的会离开自己，于是 Anna 半开玩笑说，离就离，但房子和存款都归她，他未来数年的收入也得分一部分给她，以弥补她多年来对他的超级照顾。

没想到，他居然全答应了。他也认为，自己对不起她，该回报她多年来的超级付出。

Anna 没想到会是这个结局，她有些慌神，同时又非常愤怒，觉得自己这么多年的心血白费了。她对他这么好，没想到他居然不领情，还好像她的付出伤害了他一样。

离就离，谁怕谁，Anna 想，你在我的生活中就是一个零，我什么都不需要你，没有你我会过得更好，而你离开我会很惨。

就这样，两人离了婚。尽管 Anna 知道自己其实根本不需要他的钱，也知道他远不如自己能干，但出于愤怒，她还是坚持了以前的条件。他似乎也觉得理当如此，两手空空地离开了这个一直可以过锦衣玉食生活的家。

的确，从物质上，Anna 是不需要他，但离婚以后，Anna 很快发现，她在情感上很依赖他，没有了这个“儿子”，她非常孤独、非常痛苦。

由此，她特别渴望了解，没有她之后他过得怎么样。其实她心里还是隐隐觉得，没有了她这个“超级妈妈”，他这个人怎么能活得下去。

没想到，她发现，没有了她，他似乎过得很开心，尽管显得胡子拉碴，而且衣着也有点凌乱，但他脸上露出的那种快乐和轻松，的确是以前和她在一起的时候所没有的。

这种发现让 Anna 有了崩溃感，她觉得自己仿佛被某种东西给撕裂了，撕成一块又一块的碎片，然后被抛到虚空中，消失了。

从这个梦中醒来时，除了梦中的被羞辱感，Anna 还有一种虚无感，她开始想：我这个人到底有什么价值？

显然，因为发现他离开她可以更快乐，Anna 的价值感被颠覆了。

可以说，Anna 是那种控制欲非常强的女子，典型的“女强人”。在亲密关系中，她是在不断付出，而这正是她获得价值的源泉。她内心深处相信，她付出时，她便是好的、有价值的；她索取时，她便是坏的、没有价值的。由此，她更容易爱上依赖型的弱男子，因为只有这样的男子才需要她不断付出，才能满足她的价值感。

控制欲强的人还相信，依赖型的爱人离开他便活不下去。这也是 Anna 的想法，她一直认为，前夫这么依赖她，他绝对离不开她，如果离开了，他会活不下去。

事实告诉她不是这么回事。她发现，前夫离开她后，尽管生活条件一落千丈，却很开心。这种发现令 Anna 非常不舒服，她不愿意接受这一信息，并在意识上排斥这个信息。这时，第一个梦便出现了，这个梦强有力地告诉她，这是真的，他的确宁愿过流浪汉一般自由快乐的生活，也不愿意和她在一起过压抑的、锦衣玉食的生活。

于是，Anna 的从付出中获得价值的价值观彻底被颠覆了。

这时，Anna 生出了新的愿望：既然做照顾者的角色那么累，那干脆找一个“男强人”来照顾她算了，她去做依赖者。

这个愿望生出后，Anna 真的开始这样寻找。实际上，她认识的“男强人”非常多，找到这样一个人并不算太难。

随即，第二个梦和第三个梦出现了。

因外形出众，Anna 一直梦想成为影星，王菲、安吉丽娜·茱莉和麦当娜是她的偶像。她认为，这三个女明星和她有些像，都是极有主见，极有操控欲望，而不会随波逐流的人。

关于第三个梦，我问 Anna 喜不喜欢周润发。她回答说，一直以来都不喜欢。所以，即便现实生活中真遇到周润发，他真的给 Anna 塞了纸条，她也不会有喜悦。

为什么不喜欢周润发？

理由很简单，Anna 认为，周润发过于温情。相比之下，她喜欢的男影星，要么是铁石心肠的男人，要么便是奶油小生。

她说到这里，我笑了，对她总结说：“你的前夫是奶油小生，依赖于你。他让你受伤，而你想找一个与他截然相反的铁石心肠的

“男强人”，你想依赖他。但梦告诉你，最好折中一下，找一个中间型的男人。”

听我这么说，她沉思了很久。

我继续解释说，其实，无论找一个依赖型的男人，还是找一个控制型的男人，她建立的两种亲密关系是一个模式，都是一个“超级控制者”和一个“超级依赖者”。尽管，看起来，她扮演的角色是截然相反的，这个关系模式却是一模一样的。

也就是说，关键问题不是该做控制者，还是该做依赖者，而是她内心深处渴望的亲密关系模式大有问题——其中一方对另一方的控制欲望太强了。有时，这种控制意味着巨大的付出，依赖一方会享受这一点，但时间一长，依赖一方就会有窒息感，渴望逃离这种关系。如果 Anna 真找了一个超级控制型的男人，那么她估计也会和她的前夫一样，最终想逃离这种关系，而且会为了自由而宁愿舍弃一切。

这是一个轮回，也是大多数爱情的秘密。如果认真观察，你会发现，多数人喜欢的就是两个类型，要么是“超级控制者”，要么是“超级依赖者”。

Part 4

理解考试梦，直面爱与被爱的考验

梦会直接洞察到潜意识的真相

意识上，我们喜欢自欺。恋人甩了你，你说:“我才看不上她！”

一场8年的恋爱结束了，过程和结果都不堪回首。于是，你尽量让自己不去回忆那8年，仿佛那8年未在你人生中出现过。

上司批评你，你笑着承受。回到家后，你对孩子发了一大通脾气。

收入不如意，你越来越喜欢和收入更低的人做朋友，因为在和他们进行比较时，你觉得很舒服。

在一个城市遭遇了太多痛苦，你一逃了之，去了另一个城市开始新生活……

这一切都可以理解，毕竟痛苦的时候，我们需要一些扭曲的方式让自己感觉舒服一点。不过，如果自欺成为习惯，你的人生势必会变成一团迷雾，你不知道身在何处，也不知道该去向何方。于是，你总是做一些莫名其妙的事情，仿佛有什么力量在牵着你，让你总是一而再、再而三地犯错。

这个时候，你需要从潜意识中去寻找答案，因为潜意识从来不自欺。梦，是让我们深入潜意识最便捷、最有效的途径。

庄周梦见自己化为蝴蝶，醒来后恍惚间不知是庄周这个人做梦梦见自己变成蝴蝶，还是蝴蝶做梦梦见自己变成庄周。

“庄周梦蝶”这个故事之所以流传千古，打动无数人，可能是因为我们都隐隐约约地感觉到，自己在梦中反而更清醒。

心理咨询师荣伟玲赞同这种观点，她说：“在梦中，我们更真实。梦是潜意识的展现，而潜意识永远不会欺骗我们。相反，为了感觉好一点，我们的意识会故意欺骗我们。”

“不要羡慕从不‘做梦’的人，”荣伟玲说，“梦是潜意识的完美展现，是我们了解自己潜意识的最便捷的通道，那些从不做梦的人，就失去了和自己的潜意识进行沟通的机会。”

每个人都做梦，习惯上所说的“我做了梦”的意思是“我记得我做了梦”，而“我没有做梦”的意思是“我不记得我做了梦”。

和潜意识进行沟通的价值在于：潜意识从不欺骗我们，而意识却要制造种种迷雾。这些迷雾会让我们在短时间内感觉到很舒服，却经常会把我们引入更深的陷阱。并且，我们在陷阱中，一方面感到痛苦无比，另一方面却掩耳盗铃地说，这里太美好了！我在这太幸福了！

要吹散这些迷雾，梦是最好的途径。

更重要的是，梦远比我们的意识更富有洞察力和创造力。“每个人可能都有这种体验：自己在梦中作了一首无比美妙的诗、曲，只是醒来后却忘记了。”荣伟玲说，“梦的创造性远不只是这种表现，它远比我们以为的更有智慧。”

“学习聆听你的梦吧，”荣伟玲感叹说，“你可以从梦中，找到你人生中的许多答案。”

◈ 自欺：我会和丈夫白头偕老

许多人自欺主要是为了更舒服，但也有许多人自欺是为了伤害自己，因为这些人没有学会自爱，他们意识上以为自己只配过糟糕的生活。如果他们懂得聆听梦的启迪，他们会明白，他们并不甘心，他们渴望而且也有能力享受生活。

30 岁的阿雪是一位传统女性，却陷入一场婚外恋不能自拔，于是来找荣伟玲做心理咨询。

阿雪很漂亮，但她认为自己很丑。之所以如此，是因为她的爸爸从小就嘲笑她难看，不如班里的某某同学，也不如隔壁家的女孩。此外，爸爸也总骂她蠢、笨、懒，什么都做不好。

最亲密的人一直否定自己，这给阿雪造成了不可估量的影响。曾经有一个名叫阿成的硕士追求阿雪，他又帅又能干，又爱阿雪。在别人看来，他们是很般配的一对。但是，阿雪没接受他，而是在 25 岁时嫁给了一个大她 10 岁的离婚男人。

“阿成对我很好，”阿雪回忆说，“但我总觉得，他只知道我漂亮，而不了解我，如果他了解了我，一定会不要我。”

也就是说，她觉得自己配不上阿成。结婚 4 年后，她又与阿成相遇，这时阿成虽然也结婚了，但对她的感情仍在。两人很快擦出火花，再次陷入热恋。这让阿雪陷入了分裂。一方面，她认为婚外恋很罪恶。另一方面，她又无法克制自己。每次与阿成说再见时，她会对自己说“这是最后一次了”。当下一次阿成约她出来时，她又根本控制不住自己。除了感情，也有性的诱惑，因为她丈夫有阳痿，他们已经两年没有做过一次爱了。

刚开始这段婚外恋期间，阿雪总做一种奇怪的梦，梦见她丈夫也有了婚外恋，而且每次做梦时，丈夫的婚外恋情人都不一样。

这并不奇怪，荣伟玲说，这种梦有保护作用。因为她的自责太强烈了，而梦见丈夫有婚外恋，会有一种平衡作用，让她适当减轻对自己的指责。阿雪也承认，每次从这种梦中醒来，她都有一种如释重负的感觉。

奇怪的是，尽管她爱情人，但在长达半年的时间里，她一次都没有梦见过阿成。

这其实是一个假象，她的罪恶感太强，所以根本不容阿成以他本人的形象出现在她的梦中，实际上，阿成几乎出现在她的每一个梦中，只不过都是以一种委婉的方式。譬如，她梦见丈夫，但他却穿着阿成的上衣；她梦见一个小女孩单独一人去了她和阿成约会过的地方；她梦见自己去了阿成的家……这些梦，都是对阿成的挂念。

治疗早期，阿雪做过一个吓人的梦：

一个女友的家门打开，许多人抬着两张担架进来，一张担架上是阿雪，另一张担架上是她丈夫，两人很老很老，已经瘦得皮包骨头。突然间，丈夫伸出瘦骨嶙峋的手，去抓阿雪的脚。

梦做到这儿，阿雪被吓醒了。在咨询室里，荣伟玲问阿雪："你怎么看这个梦？"

"梦告诉我，我会和丈夫白头偕老。"阿雪不容置疑地说。

◈ 真相：我和丈夫的关系是病态的

荣伟玲知道这个梦的意义，她也知道前面那些梦的意义，但不急于点破，她相信随着治疗的进展，阿雪自己会明白这些梦的意义。她对阿雪说："我的解释不重要，重要的是你的解释，你现在认为和丈夫白头偕老很重要。"

阿雪很漂亮，但她爸爸硬说她丑。阿雪相当聪明，但她爸爸硬说她笨。爸爸出于自己的需要在女儿周围制造了一团又一团迷雾，阿雪最终也陷入这些迷雾，不知道自己究竟是一个什么样的人。婚外恋除了让她有罪恶感，也让她有恐惧感。她非常害怕离婚，怕丈夫不要她，她的工作是丈夫给她找的，她认为自己离开丈夫就活不下去。阿成爱她，但她担心真离了婚，阿成万一不要她，她就完了，"不会再有男人喜欢我，到时工作又丢了，岂不是什么都没有了。"

"重要的不是做什么，选择什么，"荣伟玲说，"重要的是你的自我欺骗实在太多了，根本看不清楚自己身边的真相。"

心理治疗的最大价值之一就是，帮助来访者消除一些病态的自我欺骗，从而认识到真相。荣伟玲和阿雪探讨了阿雪的童年，让阿雪明白了自己的自卑究竟是怎样形成的。并且，每过一段时间，她都让阿雪做一下自我评价。一开始，她的评估是"丑"和"笨"。随着治疗的进展，她的自我评价变成了"漂亮"和"能干"。

荣伟玲建议阿雪去尝试一下应聘，看看自己是不是真的找不到工作。结果，阿雪发现，找工作并非一件难事。

最后，荣伟玲问阿雪："你还记得那个梦吗？你和丈夫分别躺在一张担架上。你现在怎么看这个梦？""记得！"阿雪斩钉截铁地说，“这个梦告诉我，我和丈夫的关系是病态的。”

是的，担架、瘦骨嶙峋……这个噩梦的每一个信息都在说，这种关系是病态的。并且，这个梦有启示意义，它在说：“如果两个人都老了，你们的关系就是这个样子。”

此外，瘦骨嶙峋也象征着阿雪和丈夫之间缺乏感情与性的滋养。

“感情差到极点，一些女性会梦到自己和配偶化作了白骨。”荣伟玲说，“《西游记》中‘白骨精’的形象之所以深入人心，成为小说乃至中国文化中令人印象最深刻的妖怪之一，就是因为这个形象挑动了很多人的心弦——我们自己就是白骨精。”

荣伟玲说，她讲课时发现，每五六十个学员中就有两三个女性的自我意象是“白骨精”，有时也会梦见自己化为骷髅，而这些女性无一例外都是与丈夫的感情严重缺乏滋养。

自我意象即潜意识中对自己的认识，在讲课时，荣伟玲会在催眠状态中让学员去探察自己的自我意象。

阿雪梦见自己和丈夫都是瘦骨嶙峋，说明他们的关系还没有进入最匮乏的状态。此外，丈夫的手伸过来要抓阿雪，这其实是潜意识在告诉阿雪，虽然她意识上认为是自己怕离开丈夫，但实际上是丈夫怕离开她。后来的事情也当真证实了这一点，当阿雪提出离婚时，丈夫坚决不同意。

◈ 梦具有非凡的洞察力

我们天生都有凭直觉洞察真相的能力，但是，又有声音教育我们要理性做事，最终让我们丧失了大部分来自直觉的洞察力。

不过，梦会轻易突破这些理性的教条，而直接洞察到真相。

A 和 B 相识，讨论彼此在事业上的合作。A 对 B 的印象很好，因此决定把 B 当作自己事业上的伙伴。相识的当天晚上，A 做了这样一个梦：

他看到 B 坐在他们的办公室内，正在翻阅账本，并篡改了账本上的一些数字，以掩饰他挪用大量款项的事实。

“这不过是一个梦罢了。”醒来后，A 对自己说。他还是决定相信自己的推理和判断，与 B 合作。

一年后,A 发现,B 真的擅自侵占了大量款项,并做了很多假账。

这是心理学家弗洛姆提到的一个梦。普通人会认为，这个梦是预言，譬如冥冥之中有某种力量告诉 A，不要和 B 合作。弗洛姆认为，所谓的冥冥之中的力量其实就是我们的潜意识，或者说直觉、本能。A 的潜意识实际上发现了 B 并不可靠，但或者是 B 用花言巧语和表演功夫欺骗了 A，或者是 A 不允许自己轻易怀疑一个人，所以，他的意识屏蔽了潜意识的洞察。但是，潜意识知道和 B 合作很危险，于是又在梦中明确无误地提醒了 A，可惜还是没有被 A 接受。

“对于普通人而言，只有在梦中，潜意识才有机会自如地表达，而平时潜意识都被压抑下去了。”荣伟玲说，“所以，如果希望与潜意识对话，我们一定要重视自己的梦。”

◈ 梦也会给你天马行空的洞察力

阿玫的嫂子去世了，留下一个6岁的儿子，她哥哥想再婚，并且已经认识了一个让他很满意的女子。

第一次见到未来的嫂子时，阿玫感到很欣慰。因为她对哥哥好，对未来的公公婆婆好，对6岁的侄子也照顾得很周到。但是，阿玫也隐隐觉得未来的嫂子有些地方让她难受，可她说不出这到底是为什么。

结果，当天晚上阿玫做了一个梦：

6岁的侄子小舟在4楼的阳台上蹦跳玩耍，阳台摇摇欲坠，阿玫一只手拉住阳台的门，一只手把他拉住。小舟还是使劲儿蹦，阿玫觉得自己快没力气了，这时发现家里出现了一名不认识的女子，阿玫求这名女子帮她一下。她答应了，和阿玫一样，一只手抓住阳台门，一只手抓住小舟。

这时，阳台掉了下去。阿玫很开心，毕竟侄子牢牢地被她们抓在手中。但就在这个时候，这名女子松了手，阿玫意料不到，无法抓住侄子，眼睁睁看着小舟掉了下去。

“不……”阿玫大喊着、流着泪从梦中惊醒。

这是潜意识在告诉阿玫，家里出现的这名陌生女子——她未来的嫂子，并不可靠。她用礼物、甜言蜜语和周到的照顾赢得了阿玫家里所有人的好感，但是她内心并没有接受阿玫的侄子，而阿玫凭本能捕捉到了这一信息。

这一点很快得到证实。第二次回家时，哥哥对阿玫说：“我打算再要一个孩子，毕竟小舟不是亲生的。”哥哥显然是在替未来的夫人说话，而且显然未来的夫人已得到了他的心。“小舟不是亲生的”，他甚至都不愿意费心在这句话中加一个“她”字，这表明他完全和未来的夫人站到了一起，并开始疏远儿子。

这样的事情比比皆是。一个女孩见到了自己的偶像——一位知名作家，当时她兴奋得浑身发抖，但晚上她做了梦，梦见一个丑陋、不讲理的小孩子穿着作家的衣服。醒来后，她感觉这个梦让她有羞愧感，好像背叛了偶像似的。实际上，这正是她的潜意识对这位作家本质的洞察。

又如，一个男孩遇见了一个其貌不扬的女孩，他喜欢她，但有点嫌弃她不够漂亮。晚上，他做了一个梦，梦见她和很多女孩站在一起，比谁都漂亮。这是潜意识的洞察，潜意识告诉他，这个女孩比谁都“美”，要珍惜她。

“所谓的洞察力，都来自潜意识，所以我们总说洞察力仿佛来得没有任何理由，因为理由是意识层面的东西。”荣伟玲说，“只有那些善于与潜意识进行沟通的人，才会经常有天马行空的洞察力。”

“如果你不是一个有洞察力的人，那么就多聆听你的梦吧。”荣伟玲说。

◈ 你寻找，梦就会告诉你答案

解析梦的时候，有一些规律可循。

常梦见龙、佛，意味着一个人道德感很强，对自己要求比较苛刻，而且容易压抑自己的欲望。

常梦见坚固的城堡，意味着一个人的人格结构很完整，但也可能是太僵化。

不是学生的人常梦见考试，而且成绩很糟糕，经常得零分，也意味着道德感和责任感很强，不断地要考验自己是否是一个够道德、够负责的人。

梦见电闪雷鸣，意味着一个人内心起了风暴。

常梦见在去机场、车站的路上遭遇种种阻碍，意味着一个人在自我发展上遇到了一些麻烦。

梦见打扑克牌，有无数好牌却拿不住，而且顺序总是乱七八糟怎么都整理不好，意味着好的选择很多，但没有处理好。反之，则意味着处理得很好。

女子梦见梳头发，却怎么都梳不好，多意味着感情遇到麻烦。

…………

还有很多时候，不需要分析，就可以凭直觉知道答案是什么。如果一时不明白，不妨等两天，答案往往会自动在梦中出现。

◈ 你等待，梦也会自动告诉你答案

一天晚上，一名经常对自己的梦做分析的咨询师做了一个梦：

漆黑漆黑的晚上，他路过农村的舅妈家门口，这时，一个声音对他说："答案，就在这里。"

他的舅妈 51 岁就脑溢血去世了，这是一个噩梦，令他一下子

醒过来，但身体无法动弹，仿佛被什么东西死死地压住了。同时，他觉得浑身在震颤，那种难受至极的震颤感一浪跟着一浪，从头震颤到脚，然后再一次从头震颤到脚。约过了一分钟，他的身体才重新听他的意识的指挥。

接下来一二十天的时间，他晚上经常梦魇。慢慢地，他不再恐惧了。

但是，他仍然想不明白，答案是什么。过了两天，他又做了一个梦：

黑得伸手不见五指的晚上，一条金色的、会飞的蛇追他，他没命地逃。跑到舅妈家，门打开了，舅妈伸出手，把他一把拽进门，接着立即关上门，那条金色的蛇被关到了门外。

他一下子醒过来，立即明白了“答案”。很简单，蛇是妈妈，他妈妈是属蛇的！几乎在这一瞬间，他顿悟了许多事情。他一直在分析自己的童年，却一直没记起一个细节：从记事起，他就经常作为不幸的妈妈的倾诉对象。

孩子是最糟糕的倾诉对象，他们没有能力帮大人面对问题，也无法排遣大人倾诉时转嫁过来的情绪。这名心理咨询师也不例外，所以，他要逃，而舅妈家是他的“避难所”。他经常去十多里地外的舅妈家，一待就是十天半月。舅妈做的饭很难吃，与他妈妈相比，堪称一个地下一个天上，但这并没有影响他在舅妈家的快乐生活。不过，他和别人一样，对有点傻气的舅妈缺乏尊重。

接着，他又明白，他为什么从不恋家。虽然他一直认为，父母对他的爱和教育是没得说的，他从未抱怨过，但是从初中就开始住校的他，从来没有因为离开家而难过一次，每个假期都会争取早点回学校。

在不断的反省中，他又悟到了许多。舅妈七年前去世时，他得了严重的抑郁症。长久以来，他根本就没有想过他的抑郁症与他并不尊敬的舅妈有什么联系，他以为全是因为和女友分手造成的。现在，他明白，因为没有去悼念舅妈，他的抑郁在很大程度上是对舅妈的悼念。

“关于自己的童年，我花了大量时间做自我分析。”这名咨询师说，“我意识上仿佛做好了挑战父母的准备，实际上仍然要捍卫‘妈妈是完美的’这个带着点自欺的想法，梦却轻易地突破了它，告诉了我一直要找的答案。”

等两天，答案就会在梦中出现，这样的事情很常见。

一位女咨询师，最近做了一个梦：

早上，她出现在西安，想吃一碗馄饨。馄饨两块钱一碗，但她身上一分钱都没有。正难过的时候，路上出现了一名男子，借给了她两块钱，她才得以买了一碗馄饨。

“这是什么意思？”醒过来后，她百思不得其解。她从来没有去过西安，并且她最近做的梦都是她很富有，什么都买得起，看见漂亮衣服可以买，看见美食也一样买得起，而且每一次都买得很尽兴。

那个男人的面目很难辨认，她想不明白，他是谁。既然想不明白，等待就是了。结果，第二天晚上，她又做了一个梦，梦到了她以前的男朋友。

醒来的一刹那，她明白了，原来第一个梦中的男人就是她的前男友。她已经两年多没有梦见过前男友了，这第二个梦之所以梦见他，无非是潜意识要告诉她第一个梦的答案。

明白这一点后，一切疑问都迎刃而解了。原来，她最近要出差，既可以选择西安，也可以选择另外一个城市。她已经选择了另外一个城市，但曾经想过：如果去西安，她就可以看到前男友了。对她来说，这是一个诱惑。

梦告诉她，最好拒绝这个诱惑。因为，这种感情现在只是一碗馄饨，而且她想吃的话，还得求前男友施舍。为什么要这么做呢？梦告诉她，你最近可是不断做很富有的梦啊，眼前的生活要比西安的诱惑好得多。所以，请打消去西安的念头吧！

更有意思的是，第三天，已经两年多没联系过的前男友通过QQ给她发了一条信息：最近常想起你，你还好吗？

“或许真的是心灵感应吧，潜意识感应到未来的这个诱惑，所以接连做了两个梦，事先提醒了我该怎样做。”她说。

◈ 解梦的最佳人选就是你自己

“提到解梦，很多人认为这是一件很神秘、很困难的事情，而且是专业人员的专利。”荣伟玲说，“实际上，自己才是自己梦的最佳解梦人，并且解梦也要比我们想象的容易得多。”

她说，可能是《梦的解析》中的“解析”误导了人们，让大众以为要靠繁杂的逻辑分析才能把梦分析清楚。但她认为，重要的其实不是解析，而是直觉。梦中的情绪以及你的第一念头最重要。

譬如，阿雪的“担架梦”明显是个噩梦，但阿雪硬要说梦的意思是她会和老公白头偕老，这种分析在逻辑上就算再完美，也没有说服力。其实，她一早就知道这个梦的意思，只是意识中害怕面对罢了，而心理治疗对她的意义就是，帮助她面对她的心理真相。

并且，荣伟玲认为，梦不一定非要解明白。“梦只要被你意识到，就可以更好地发挥作用了。”她说，“只要你付出了一定努力，梦会自然而然地发展，并最终给你意想不到的帮助。”

前面提到的案例，都证实了这一点。可以说，潜意识像水，它一直都在我们心中流动。如果你顺着它，它就会把你带到正确的地方。但是，如果你硬要和它对抗，你就会远离它。

荣伟玲从 1999 年喜欢上解梦，她先是隔几天记录自己做的那些特别的梦，现在发展到几乎每天都要记录梦。

梦来自潜意识，所以很容易遗忘。你或许有经验，梦见了特别的事情，半夜叮咛自己一定要记下来。刚醒来时，仿佛隐隐约约还记得，但一睁开眼，就什么都记不得了。

如果想记录自己的梦，荣伟玲建议，床头最好备有纸和笔。但是，当醒过来时，不要翻身，不要睁开眼睛，就保持着刚睡醒时的姿势，闭着眼睛回忆一下梦里的画面，最后形成几个关键词。譬如阿雪的梦就有几个关键词，“女朋友家”“担架”“瘦”“手”和“抓”。

然后，睁开眼睛，迅速写下这几个关键词，接着再记录梦境的细节。

“解梦并不神奇，请相信我，如果你已经开始这么做，那么你最后会发现，你能从梦中收获太多的东西。”她说。

经常梦见考零分

〔对本我的惩罚和批判〕

梦者：M，男，近 30 岁，某医药公司高管。

梦境：大学时，遇到一难关，要解决几乎是不可能的，除非有奇迹或神话发生。但是，问题如果不解决，我就完蛋了，大学就白读了。

然而，奇迹发生了，我经过两三年的艰苦努力，最后成功地解决了难题，创造了学校一个史无前例的经典案例。

只是，尽管难题解决了，它却经常出现在我梦中。尤其最近 5 年中，我不知道梦见过它多少次。每次梦到这一情境，我都会重新体会到当时极其无助和惶恐的感受，于是每次都是一个噩梦。

最近几天，这个梦又频频出现。虽然醒来后知道这只是一场梦，但做梦时的痛苦感受还是清晰地留在记忆里。太难受了！

分析

M 是在一个小区论坛上发帖子，请大家给他解梦的。这个帖子发表后，引起许多人跟帖，说他们也常做考试的梦。

显然，尽管M没有明说他的难关是关于考试，但大家都自动地将它当作考试梦了。这可以理解，因为M说的就算不是考试梦，也算是考试梦的一个变体。

不过，不同的是，M梦到的是大学的难关，而其他人梦到的几乎清一色是高中时候的考试。

相同的是，做这些梦的时候，大家都感到非常焦虑。

对此，我自己也深有体会。我常梦到自己研究生的时候，从北京大学心理学系退学，然后回到曾经就读的高中复读，再次参加高考，目标还是考北京大学，但报的是其他专业。

并且，我还常梦到，自己在读高二或高三，在期中或期末考试的时候，数学考试出现大问题，一道题都答不出来，成绩总是不及格，而且经常是0分。

此外，我的来访者中，也经常有人谈到关于考试的梦。

由此可以看出，考试梦是一种常见的梦。它明显有着一些共同的心理含义。那么，它的含义是什么呢?

考试＝考验!

这是考试梦最简单的心理含义。做考试梦的时候，多数是因为我们的现实生活中遇到了考验，这种现实的考验唤起了我们内心深处的焦虑。

M自己也发现了这一点。他写道，他即将去应聘一家港资公司的副总，对此感到焦虑。

就是说，应聘这一现实考验带来的焦虑，进入梦中就化成了曾经的考试焦虑。这是他的梦最基本的含义。其他人的考试梦，也大致是这个意思。

不过，如果细致地分析的话，这些考试梦至少还可以分出两层含义：超我的惩罚、本我的鼓励。有时，还会有第三层含义：道德的考验。

◈ 超我的惩罚

弗洛伊德将人的人格结构分成三个部分：本我、超我和自我。本我即欲望和本能层次的力量，超我则是规则层面的力量。本我渴望为所欲为，而超我则控制本我，自我则起着协调超我和本我的功能。

对于这个人格结构，还可以有更直观的理解，即将本我视为一个人的“内在的小孩”，而将超我视为其“内在的父母”。

“内在的小孩”和“内在的父母”，往往形成于一个人 6 岁前的经历，基本就是这个人小时候与最主要的抚养者的关系模式的内化，即现实的父母对待他的方式，最终会被他内化为“内在的父母”，而幼小的他，则被他内化为“内在的小孩”。

心理学研究发现，一个人 6 岁后人格就基本定形，以后可以改变，但难度很大。也就是说，一个人 6 岁前与父母的关系模式，决定了他的基本人格结构。

那么 6 岁前，父母对一个孩子的惩罚，往往就会被永远根植于孩子的潜意识之中。譬如，你做了一次恶作剧，受到了父母的严厉斥责，那种记忆就会扎根于你的内心。如果父母相对比较严厉，你经常被父母严格教导或惩罚，就会形成一个强大的超我。

或者，父母尽管不严厉，但因一些特殊的原因，你很小的时候就主动约束自己，做得像一个小大人似的，也会形成一个强大的超我。

譬如，父亲太忙，妈妈多病，父母都很爱你，而你则会回报给父母以爱，很小的时候就能主动帮父母做一些力所能及的家务。这样一来，你很小的时候就成了一个“小大人”。这样一个“小大人”会得到亲朋好友的赞扬，大家都会夸你懂事。这看似是好事，其实这个“小大人”的本我被压抑了，你也会形成一个强大的超我。

不管什么原因，只要一个人拥有强大的超我，就很容易在面临考验的时候感受到焦虑。只是，这种焦虑并不仅仅是生存性的，而且带着惩罚性。即，他害怕通不过考验，不仅仅是害怕自己在生存竞争中被淘汰，也害怕得到惩罚，既是害怕再也得不到老师、家长或其他人的认可，也是害怕得到超我，也即“内在的父母”的惩罚。

对于一个孩子而言，好好上学并取得好成绩是最重要的事，也是家长最为关注的事。那么，相应地，他的超我与本我的冲突，也最容易体现在这一点上。

于是，小时候我们容易担心如何通过父母要求的那一关，而高中则变成，如何通过高考这一关。这一关，既是现实的父母、老师和社会对我们的考验，也是“内在的父母”或超我对我们的考验。

并且，高考最重要，高中最煎熬。尽管以后我们走入社会，面临着各种各样的考验，但高中的考试焦虑仍然是我们所体验过的最强烈的焦虑。这种焦虑深入到潜意识中，最终替代了小时候被父母考验时的焦虑，成了一种标志性的焦虑。一旦我们再次遭遇考验，高中时的考试焦虑就会在梦中重现。

由此，不难理解，当 M 说出自己的梦后，其他人回帖时，谈的多数都是自己高中时的考试焦虑。因为这是他们所产生过的最强烈的焦虑。

M 有所不同，他梦见的是大学时的考验，这源自他自己的特殊体验。他高中时尽管和别人一样有所焦虑，但他大学时所面临的考验是最严峻的，而且持续时间又很长，这导致他产生了最强烈的焦虑，最终成了他的标志性事件。

我的梦境也反映了自己经验的特殊性。我常觉得，自己读研究生时荒废了太多时间，并且也一度达到难以毕业的边缘，于是产生了很强烈的焦虑，最终经过艰苦努力才渡过了这一难关。

并且，我的高三也很特殊，也是经过艰苦努力，一门课一门课地把成绩提上来，最终戏剧性地在最后一次模拟考试和高考中都考了全班第一名。但这两次是我高中三年仅有的两次进入全班前 10 名，也由此传奇般地考进了北京大学。

这样一来，这两次事件就成了我生命中的标志性事件。于是，一旦再次遭遇到什么考验，我的梦就很容易同时出现渡过这两道难关时的情形。

不过，为什么老是梦见数学考 0 分呢？这也和我的特殊经历有关。本来，我的数理化都相当糟糕，但只用了两个月，就把物理和化学成绩从 60 多分提高到了接近 100 分，唯独数学，我用了高三整整一年的努力，才接近满分。也就是说，高三是标志性的焦虑事件，而数学是标志性事件中的标志，常梦到它就不难理解了。

◈ 本我的鼓励

强大的超我所引起的焦虑和惩罚，是考试梦的明显含义。不过，这还不是考试梦的最关键信息，最关键的信息其实是本我的鼓励，或者说，是本我对超我的反抗。

这怎么理解呢？

最简单的理解就是，做考试梦的人最终都会发现，尽管他在梦中没有通过考试，但现实生活中，他其实已经通过了这些考试。

譬如，M 的梦中，再现了他在大学时的难关，而且他失败了。其实，他经过艰苦努力后，是通过了这一难关的。

再如我自己，研究生毕业，我通过了。高考，我通过了。数学，我最后也征服了。但在梦中，我的数学要考 0 分，高考要失败，而研究生没毕业，甚至还要回到高中重读。

还有 M 的帖子中，有一个网友 C 回帖说，在梦中，他考试交白卷的常常是化学，而他的化学成绩却一直是年级第一名，每次都比第二名高好多分。

国外一些心理学家也发现了这一点，一位心理学家写道："我从来没有通过法医学的期终考试，但我在梦中从未为这件事操心过，同时我却常常梦见植物学、动物学和化学考试。我曾为准备这些考试感到特别焦虑。但是，不知是老天保佑还是老师大发慈悲，我总算过了关……我有一个病人告诉我，他决心不放弃第一次升学考试，后来通过了，再后来他参加部队考试失败因而从未得到任何委任。他说他常梦见前一种考试，却从未梦见过后者。”

这是一个很有趣的地方。考试梦选择的其实都是自己成功克服的标志性焦虑事件。这些事件，充分调动了我们的超我，令我们感到很焦虑。但它们也充分调动了本我的能量，最终帮助我们冲破了难关。

那么，我们再次面临考验时，并由此梦到我们面临过的标志性考试事件，这是不是也是梦同时在调动我们的超我和本我呢？

结果是，一方面，我们的确很焦虑，譬如M会在醒来后觉得很不舒服，我自己也会因为做了考试梦而感到不爽。另一方面，这些梦也很像是潜意识在安慰我们：没事的，你是遇到了难关，但你不都冲破了吗？

有时，我们会鲜明地感受到后一点。譬如，M在因梦中没有通过难关而难过之后，可能会很愤愤不平地对自己说：梦算什么！我现实中早把它征服了！

意识上，这是在说梦。潜意识上，当他这样说的时候，他面对现实中的考验——应聘港资公司副总的冲劲也会被激发出来。

再如，一个成功的医生梦见自己没有通过医学资格考试。他醒过来后，会愤怒抗议说：“胡说！我已经是一个好医生了！”当他这样说时，他的本我的力量一样也被激发了出来。

我自己猜测，超我强的人，考试梦中的焦虑程度就越强。超我较弱的人，考试梦中的焦虑程度就较弱。就是说，超我太强的人，很容易梦见那种曾命悬一线，自己经历了非凡的努力才终于通过的考试；超我较弱的人，尽管也会做考试梦，选择的却都是那种令自己不是非常焦虑的考试经历。

譬如，C梦见自己总是通不过化学考试，而他化学成绩一直是第一。那么，这个梦看上去超我较弱，而本我的安慰剂效果就很强。因为，相信C在醒过来后会很理直气壮地对自己说：什么鬼梦，一点道理都没有，我对自己的化学成绩可是一点都不怀疑的。

至于M和我，可能会在做了考试梦之后，有好长一会儿时间缓不过神来，因为我们在冲破自己面临的难关时，并不是那么容易，所以我们也就难以做到很快就理直气壮地对自己说，梦是在胡说。

◈ 道德的考验

引发考试梦的现实考验，除了应聘、升职等功利方面的考验外，还有道德方面的考验。

譬如，一个道德感很强的人，突然想突破道德的约束为所欲为，这时也可能会梦见考试。

这不难理解，因为道德是典型的超我层面的内容，所谓的为所欲为，则是典型的本我层面的内容。道德感很强的人，也即超我很强的人，渴望顺从源自本我的愿望时，势必会引发超我和本我之间的强烈冲突。

我收到的几封读者来信，反映了这一点。他们接受的是传统教育，道德观念特别强，但是他们有了婚外情。于是，他们也做了考试梦，并梦见自己考试没及格，甚至考了0分。

这种考试，就是道德考试了。考试没及格甚至考0分，反映了超我对本我的强烈惩罚或批判。

一些超我很强的人，在成年后会突然变得为所欲为。这是因为，他们随着年龄的增长，感受到自己的本我被压抑得太厉害了。于是，他们开始有意识地挑战自己的超我。以前，父母或社会怎样教导他，他现在就反着来。我的一个咨询师朋友说，这种办法是“用本我摧毁超我”，可以令本我逐渐变得强大。

本我的强大很重要，因为它是我们人格力量的源泉。一个超我过于强大的人，会让人觉得他没有魅力、没有意思；而一个本我强大的人，尽管他看上去可能令我们不快，但我们很容易被他吸引。

然而，如果我们强行走向与超我相反的方向，那势必会更强烈地引发本我和超我的激烈冲突。这样一来，考试梦可能会出现得更频繁。

M 谈到，以前父母对他非常严格，但上了大学后，他变得为所欲为。我感觉他现在似乎还在延续这种倾向，这让他看上去似乎颇有魅力，但同时也加剧了他超我和本我之间的冲突，考试梦也因而频频出现。

高考不是你的敌人

〔担心得不到父母的认可〕

梦者：小雨的同学，一名高三学生。

梦境：在最近一次模考（模拟考试的简称）后，我的一个同学做了一个梦。他梦到自己身处大学宿舍，宿舍并不狭小。他在宿舍中见到了阔别已久的小学同学（那个小学同学曾误杀过人）。小学同学对他笑，还拥抱他。一觉醒来后，他觉得整个人非常舒服，有种豁然开朗的感觉。我们是在一所省级重点中学念书，他的成绩向来都不算差，而他在这次模考中考砸了。

分析

小雨在给我的信中，描绘了他同学做的一个梦。

在解这个梦之前，我先讲一下我对模拟考试的认识。在我看来，模拟考试有两个功能：

第一，模拟高考的感觉，让考生进入状态。

第二，查漏补缺，让考生更加了解自己的优点和缺点，尤其是缺点。

从第一个功能上看，考试成绩越理想越好，那样可以让自己更自信；从第二个功能看，如果考砸了，作为考生，我们也该高兴，因为在高考前让我们发现了自己的漏洞，可以及时进行修正。

然而，我发现，真正能认识到第二点的人显然是少了点，大多数考生都将注意力放到模拟考试的第一个功能上，在很大程度上将其与高考等同了起来，下意识里以为这次考得怎么样，高考时也会有类似水平的发挥。于是，模拟考试成绩理想了，自己就很高兴；模拟考试成绩不好，自己就忐忑不安。

但是，模拟考试和高考出现极大差异的例子实在是数不胜数。有不少考生，因为模拟考试成绩好，多少有点飘飘然，而成绩一贯很好的考生，还可能会有点麻木，带着飘飘然或麻木感进入高考考场，发挥失常就不难理解了。

相反，有些考生，因为在模拟考试中发现了自己的缺点，然后及时改正，在模考中获益匪浅，最终高考取得了理想的成绩。

并且，对于那些成绩一向不错的考生，一次失败的模拟考试相当于一种醒人的刺激，可以令他们从重复学习带来的准麻木状态中苏醒过来，而处于一种适度兴奋状态，带着这种兴奋状态走进高考考场，有好的发挥就不难了。

我希望小雨和他的同学都能意识到第二点，如果他们真能明白这一点就会懂得，如果模拟考失败了，那么应当感激这种失败，因为它会给他们带来以上这些好处。

有这种意识的人，一般是有大局观的人，这样的人不会局限于一件简单的事情，而习惯从整体的角度上看待一件事情。

如果仅仅从模拟考试这一点上看，考试成绩不理想自然是一件坏事。假若站在整体的角度看，这一点的失败反而会对未来的高考有贡献，那自然就不必太懊恼了。

心无羁绊的人容易看到这一点，看不到这一点的人，常常是因为心有羁绊。

对于一个考生而言，这种羁绊就是如我们常说的“老师和家人的期望”，这既是考试焦虑的主要原因，也是解开小雨同学的梦的关键。

◈ 父母期望高，孩子压力大

以前读书时，我一直是“考试机器”，即每遇到关键考试时，我总是睡得更香、吃得更多、玩得更惬意，而最终则总是“超常”发挥。小学考初中、初中考高中和高中考大学，我无一例外都是如此。

那时，我觉得实在难以理解我的一些同学，他们平时成绩很好，甚至经常考年级第一名，到了升学考试时却总是发挥失常。

后来，读了心理学，又了解了很多这类考生的故事的细节，我才明白，他们是背负了太多的期望。

例如，一个女孩，如果考试低于百分制的 98 分，她就会自动跪搓衣板半个小时，以此惩罚自己。

这看似是极其自觉，是自己惩罚自己，但其实是“内在的父母”在惩罚“内在的小孩”。

原来，以前她只要考 98 分以下，妈妈就会打她骂她。惩罚得多了，她就干脆内化了妈妈的这种方式。以前是妈妈苛刻地对待她，现在是她自己苛刻地对待自己，其实质是一样的。

很多父母喜欢看到孩子如此“自觉”。但是，这种“自觉”的另一面是极大的焦虑。譬如这个女孩，每到重大考试时，她便会坐立不安，因为她的“内在的小孩”无时无刻不在担心遭到父母的惩罚。

这是考试焦虑的一种来源。另一种来源则是父母的期望。有些父母，从来不会动孩子一根手指头，但他们会经常直接或委婉地对孩子说，他们为他 / 她付出了很多，他们希望他 / 她能从成绩上给予回报，“咱们一家人的未来，就系在你的身上了”。

本来一个人的命运就够重了，却还要背负父母两个人或更多人的期望，孩子不焦虑才怪。

并且，很多故事也表明，当父母的压力太大时，孩子意识上会顺着父母的意思去努力学习，但潜意识上会故意挑战父母的意愿。

例如，一个高中生，他每次小考成绩都不错，但一到了升级考试或毕业考试等重大考试时，就会发挥失常。当对心理医生讲起最近的一次失常时，他的嘴角不经意露出了微笑。当心理医生和他深入探讨这个细节后，他终于说出了心里话：他讨厌父母整天给他施加压力，所以他有意要让他们失望。

如果父母给了孩子太多压力，一个孩子容易将父母的压力合理化，那么，当老师也向他施加压力时，他一样也会将老师的压力合理化。于是，老师和家长的压力都成了不能承受之重。

我父母极少给我压力。考初中时我是年级第一名，初中第一次期中考试就降到年级二百多名，即便如此，父母对我也没有一句指责。俗话说，人要脸树要皮。每个人天然有争强好胜的心理。再说，如果没有了外在压力做动力，一个孩子也会有内在的学习动力——从知识中满足自己的好奇心。因为这两种动力，我最终在初中毕业考试时又拿到了年级第一名。

很多时候，父母和老师给的压力是不合理的。这些压力不仅会令我们焦虑，也可能会令我们反感，这都会阻碍我们心无羁绊地看待模拟考试和未来的高考。

◈ 模拟考试失败，只是一次“误杀”

现在我们再一起来分析一下小雨的同学的这个梦，其含义的确是太丰富了。

他梦见的那个小学同学，其实可以理解为他的另一个“我”。

小学同学杀过人犯过罪，这意味着，他潜意识中觉得，自己考砸了，是一种犯罪。

自然，这是“内在的小孩”对“内在的父母”的犯罪。

不过，小学同学是“误杀”，这是在说，他的发挥失常是“失误”，不过是一个意外而已，而不是他的真实意图，也不是他的真正水平的展现。

小学同学拥抱他，让他感觉很舒服。这可以理解为，他的一个“我”和另一个“我”——也即“内在的小孩”和“内在的父母”——相互拥抱，并达成了理解，“我知道你是无意之失，我知道这不是你真正的意图。所以，你不必太有压力”。

在梦中，他和小学同学在一所大学的宿舍相见，这是潜意识在安慰他，告诉他会考上自己中意的大学。

梦中的宿舍“并不狭小”，这可能是他平时太焦虑了。焦虑就类似是“在狭小空间中的憋闷”的感觉，梦将他置于“并不狭小”的空间，有类似治疗他的焦虑的功能。

总之，这个梦是他的潜意识和他的意识的对话。梦告诉他，你这次模拟考试成绩不理想，只是一次“误杀”，并不是你有意而为，所以你不必太焦虑，放下这些过分的焦虑，你还是会考上你中意的大学的。

从梦中醒来后，他还没从意识上明白这个梦就感觉很舒服，这是很正常的事情。因为我们只需要清晰地捕捉到潜意识，潜意识就可以对我们发挥重大的影响作用了，而从意识上解读出来，很多时候不过是锦上添花而已。

不过，从另一个角度看，他梦中将考砸和“误杀一个人”等同起来，这也意味着，他的心中充满着愤怒，而这愤怒的指向，既可能是他的“内在的父母”，也可能是他的“内在的小孩”。从逻辑上看，后者可能性更大，即这次考砸有点自毁的倾向。从情理上看，之所以自毁，也恰恰是为了向父母表达愤怒。

◈ 给考生的建议——调整状态准备冲刺

接下来，我再对所有考生提一些建议。

第一，从整体的角度看高考。

现在所发生的一切都是在为高考做准备，如果你能充分地吸取经验教训，那么无论成功和失败，其实都是你的财富。

第二，认识你的焦虑。

如果是适度水平的焦虑，那么这是很好的，不必因为总听到“考试焦虑”这个词，而担心自己是不是也有心理问题。

如果觉得自己太过焦虑，并清晰意识到这种感受是来自家人所给的巨大压力，不妨鼓足勇气告诉父母——请少给我压力，你们这样做，不是帮我，而是在害我。你还可以告诉父母——你们不必围着我转，不必为我做太多牺牲，该做什么就去做什么，那样我会以最舒服的状态迎接高考的挑战。

第三，不要把考试当作敌人。

多数考生都将考试当成了敌人，把考官则当成了对手，而把自己放到了类似被迫害的位置上。这样一来，作为考生，你就会对考试战战兢兢，并对考试和考官心怀抵触。

这种心理大可不必，你完全可以把考试当作朋友，试着想象自己就是考官，并试着站在考官的角度上做一些思考，譬如某某知识点，如果你是考官，你会怎么出题。

有了这种意识，你就对知识点、试卷、考场和考官有了亲近感，有了这种亲近感，过分的焦虑就不容易产生了。

其实，之所以在考试时过分焦虑，还是因为我们将“挑剔的内在的父母”投射到了知识点、试卷、考场和考官上，于是觉得周围的一切都是在考验自己，就很容易焦虑了。

第四，对最后一个月做一下规划。

这是很重要的一点。有了一个清晰的规划，你就不会把注意力都集中在每一天上。如果把每一天都当作最后一天过，会一直处在比较重的焦虑中，因而容易导致自己越想过好每一天，就越容易浪费每一天。

最好从最后十来天或一星期开始，将自己的日常作息调整到和高考时一样，不早起，也不晚睡。此外，视自己的感觉逐渐调整状态，令自己的状态在高考到来时达到最好。

不过，在这一点上不必追求强迫症式的完美，只要没有大的心理负担就可以了。譬如，我一个朋友，在托福考试前一晚彻夜失眠，她以为自己这次要考砸了，进考场后，她对自己说，就这样吧，豁出去了。没想到，没有心理负担后，她的心态很快调整到适度兴奋状态，最后居然超水平发挥。

第五，适当思考一下考试后的事。

这一点对减少焦虑也有帮助，因为，如觉得未来不可预测，我们必定会产生焦虑。那么，对未来做好预测，这种焦虑就会锐减。这时也要学会站在人生这个整体的角度看高考，那样就会明白一点：高考是很重要，但高考只是人生的一个重要瞬间，所谓胜败也只是这一瞬间的胜败，它的确会带给我们很多，但它远不能决定我们一生的成败。

第六，认真研究考试办法。

这一点对知识水平比较高的考生非常重要。高三主要是重复学习，但随着重复学习的次数增加，我们对知识的兴奋度会逐渐下降。最后时刻再去重复学习，对于很多学生已经意义不大，远不如多花些力气来思考考试。很多老师也会讲解考试的办法。但是，老师给你的办法，并不能准确无误地提高你对考试的掌控感，你要找到一套适合自己的考试办法，才能有效地提高你的掌控感。有了这种掌控感，你不会再觉得在如此关键性的考试面前，你是一只被检验、被考查甚至被宰割的绵羊了。

第七，掌握一些简单的放松技巧。

譬如深呼吸法，譬如紧攥拳头再放松法，这些技巧我就不详细谈了，你可以轻松地在网上找到详细的讲解。

◈ 给考生父母的建议——告诉孩子：我们永远爱你

既然考试焦虑的源头多是父母，那么父母给孩子减压自然是非常重要的事情。

作为父母，如果你意识到了这一点，并发现孩子的确出现了明显的焦虑，那么可以对孩子道歉，说："对不起，我们以前给了你太大的压力，我们错了。"

一个道歉可以减轻孩子的压力。接下来，你还可以说："无论你考得好还是考不好，无论你优秀还是不优秀，你都是我们最爱的孩子，我们会一如既往地爱你。我们不是因为你优秀才爱你，我们爱你，因为你是我们最亲的人。"

这一点很重要，有些父母表面上似乎不给孩子施加压力，但他们习惯对孩子说："你永远是最棒的。"

这种夸奖，其实还是条件苛刻的爱，即孩子只有是最棒的，他们才爱。但"最棒的"永远只属于极少数，那么很不幸，你的孩子总有很大的概率属于大多数非最棒之列。也就是说，这种夸奖会有极大的概率，也令你的孩子出现过分的考试焦虑。结果，你本来渴望孩子最棒，却让孩子陷入过分焦虑状态，可能令他连自己本来能达到的水平都达不到了。

我收到的许多考生的来信都显示，考生们看似在乎的是高考的成败，其实在乎的是亲朋好友们怎么看待他们高考的成败。他们对别人怎么看待自己的关注，甚至远远超出他们对高考本身的关注，这既容易令他们焦虑，也容易令他们无法沉浸在考试中，从而很容易对考试失去感觉，于是发挥失常。

瑞士心理学家维雷娜·卡斯特说，重要的焦虑多源自关系。那么，所谓的考试焦虑，其实主要是孩子对他们与父母的关系的焦虑，他们往往不是在担心考试，而是在担心得不到父母的认可。

因此，如果父母能提供一个稳如磐石的关系，对孩子说，无论你怎么样，我们都一如既往地爱你认可你，那么孩子的焦虑就会得到很大程度的缓解。

卡斯特还指出，最强烈的焦虑来自最高价值被最重要的亲人否认。

最高价值是什么呢？

就是爱与被爱。如果父母让孩子认为，他成绩不好，就再也不配得到父母的爱，也没资格去爱父母，那么孩子一定会陷入极大的焦虑中。这是至关重要的一点，考生们无论看起来多么在乎朋友和老师的评价，他们最在乎的仍是父母的认可。

这张试卷没有正确答案

〔生活中的考验〕

梦者：我自己，男。

梦境：似乎回到了初中，正在参加考试，科目是地理。不过，考场上全是成年人。

试卷上清一色是选择题，但那些选择题的答案好像都不正确。看着那些选项，我越来越愤怒。突然，我情绪失去控制，左手一挥，把试卷撕去了一小半。

随后，我内心惴惴不安。毕竟，这是考试啊，总得要通过啊。于是，我低声地请求监考老师重新给我一份试卷。

“每个人就一份，不会有第二份。”一名男性监考老师用高高在上的口吻对我说，“试卷是你自己撕毁的，你要为这一点负责。”

听他说完这番话，我的情绪再次失控，腾地站了起来，大声喊道：“我的地理课是学得最好的！我一直考最高分甚至满分！我断定，这张试卷根本没有正确答案！”

本来很安静的考场，因为我这番话立即沸腾起来，许多埋头考试的考生为我鼓掌喝彩。

“我拒绝这种考试！”我继续喊道。

随即，我毅然决然地推开书桌，向考场外走去。这时，所有考生都呼啦一下站起来，跟着我走出考场。

分析

前文说过，考试即考验。梦到考试，多半是因为在现实生活中遇到了考验，或是升职等功利方面的考验，或是道德上的考验。

并且，考试梦一般隐含着这样的道理：你过虑了。因为，我们梦见的考试科目尽管在梦中考了低分，但在现实中，这一科目往往是我们的优势科目，或起码也是那种经过艰苦努力后通过的考试科目。

譬如，你高中时数学成绩不好，经过努力，最后成绩上去了，但现在你常常做梦，梦到数学考了不及格甚至 0 分。考试梦的焦虑滋味很不好受，你醒来后忍不住会说，这个梦真没道理，我数学考试可是通过了的。当你这样说的时候，你对现实生活中遇到的考验的焦虑程度也会随之降低。

至于那种你一直没学好的科目，倒不会出现在梦中。

我这个梦也不例外。初中的时候，我最喜欢地理，向来是把地理书当故事书来一遍遍地读的，课本上所有知识点，我自然而然几乎全记住了。所以，基本上地理都会考班里最高分，满分也不稀罕。

不过，我所了解的考试梦，做梦人在梦中很担心自己通不过考试，而且最后也都是考不及格甚至 0 分的。像我这样在梦中就理直气壮地斥责考试没道理，我自己还没有听说过。

那么，这是为什么呢？

我自己很清楚答案，知道这个梦和我在天涯论坛上发的一个帖子有关。

这个帖子的题目是“谎言中的 No.1：没有父母不爱自己的孩子”，引起了很多网友共鸣，有很多回复都非常精彩。

做这个梦的那天晚上，我打开这个帖子，看到了网友“繁华成落叶”的精彩回复，她在反思一个看似伟大的句子——“一切都是为了儿女”。她写道：

我也一直在想这类事。那么多人，好古怪，他们为啥不好好活，硬要把自己的生命价值附着在别人身上？

别人荣，他们便荣；别人失败，他们便失败，仔细一想简直是变态。每个人的光荣或耻辱，为什么不由自己来定，为什么要放弃？

很多人爱说“一切都是为了儿女”，那儿女又为谁呢？如果儿女也继承相同的想法（往往如此），再又“一切都是为了儿女”，那不就是“老鼠会”、不就是传销、不就是谎言一堆嘛！

一环扣一环，生命的价值在一堆看似高尚的选择中指向终极的虚空。

她继续反思说：

几年前回家乡，和一个女同学见面，她的话让我很吃惊。她很满足地看着自己 7 岁的儿子说，我孩子很聪明，我要好好培养他，我的希望全寄托在他身上了。

我有时和人聊天说，你看看，父母一心培养个上大学的、学问好的，而大学毕业没几年，父母催着结婚嫁人，然后生孩子，然后这个被父母培养的人又开始把希望寄托在下一代，开始培养，哪有心思和精力去做自己该做的事，因为精力和心思都放在下一代的培养上了。

有次我开玩笑地跟一个好友说，你干吗这么费心费劲去培养你的女儿，什么钢琴什么画画什么舞蹈，到了她二十多岁，她又开始培养她的下一代，你培养她没起到太大的作用，还不如把培养她的钱培养自己。

这两段话给了我很大的震撼。虽然我一直在想类似的问题，但从来没有分析得这么清楚。

不过，关于这个主题，我心中已攒了千言万语，而“繁华成落叶”的这些文字，宛如一石激起千层浪，把我这千言万语都激活了。并且，它们就好像在一瞬间发生了巨大的化学反应，融为一个整体，而以前脑子里还残余的一些僵化的想法，也在这一瞬间再一次坍塌。

这就是我这个梦的含义。这个梦将我惊醒，而醒来那一刹那，我就明白，梦表达的正是我当天晚上的反思。

什么反思呢？就是利他与利己，集体主义与个人主义。

长久以来，我们将利他和集体主义捧上神坛，而一直将利己和个人主义视为邪恶。我们认为，利己和个人主义意味着自私自利与自我中心，而利他和集体主义则意味着自我牺牲与奉献。

这种逻辑具体到生活中，就成了这样的人生观：我要为别人活着。

但问题出来了。我为你活着，你配得上吗？于是，我会紧紧地盯着你，看看你是否值得我付出。因此，我势必会变得很挑剔。而且我们会轻易地看到，我把一切都给你了，但看看你，你的缺点到处都是啊！那么，反过来，你既然也是为我活着，你一样也会挑剔我。

结果，我们这个社会，大家都非常挑剔，很容易盯着其他人的道德缺陷说三道四，而我们也特别爱凑到一起讲其他人的流言。

这种逻辑进入家庭，就发展出了我们最常说的一句话：一切都为了孩子。

这陷入“繁华成落叶”所说的荒诞中：一代为了下一代而活，下一代又为了下下一代而活。结果，每一代人都没有为自己而活，都没有很好地去创造独特的精神财富和物质财富，很少活出自己的精彩来。于是，“一环扣一环，生命的价值在一堆看似高尚的选择中指向终极的虚空”。

这的确很像传销，因为传销的宗旨就是，利用“我一切都是为了你考虑”的逻辑，将本来价值很低的东西卖个高价，但谁都没好好地去创造价值。

并且，当父母喊出“一切都为了孩子”时，很容易导致一个恶果：大人们把自己的生命价值捆绑在孩子的身上，令孩子感到更焦虑。

那么，应该怎么办？答案是，无论什么时候，父母都有自己的事情，都致力于实现自己的生命价值。那么，孩子就只需承担他一个人的生命重量，而不必承担父母乃至祖父母或外祖父母的生命重量，也就没那么累。

王小波在他的一篇杂文中写道，有一个六十来岁的老太太，经营着一个大农场，农场里有很多特产，还有成千上万只羊。令王小波惊奇的是，老太太还有情人，还有性爱。她的世界是如此丰富多彩，就没必要老是盯着儿女或儿女的儿女了。

如果我们都能像这个老太太一样，那就太好了。但我们周围很多六十来岁的老人，只怕每天主要关心的就一件事：儿女或（外）孙儿女在干什么。

在小家中，我们讲为亲人活着，最终则将导致“终极的虚空”。在社会这个大家中，我们就讲集体主义，讲“为了集体而无私奉献”。

我多年来一直在想，我们或许误解了个人主义，也误解了集体主义。

在我看来，如果集体主义仅仅是，我自愿为集体奉献，但集体不能强求我奉献，那就很好。然而，一旦我们将集体主义视为“必须”，就会导致一个错误的伦理结论：可以借集体的名义去侵占某个不情愿的个人的利益。

其实，这种逻辑直到现在还常被借用。譬如，我们常听到这样的故事：某房地产商征收国有土地上个人的房屋，某小家不同意，于是这家就成了“钉子户”，而房地产商出来说话时，常指责这个

“钉子户”破坏了团体的利益。

现在，我们正向相反的方向发展，我国宪法第十三条第一款——公民合法的私有财产不受侵犯——就是源自个人主义。

个人主义并非只是欧美国家的主流意识。我所知道的论述中，关于个人主义的最佳表达来自俄罗斯作家陀思妥耶夫斯基。他的名著《卡拉玛佐夫兄弟》中有如下一段对话：

哥哥问弟弟：杀死一个小女孩，可令整个世界得救，那么，这可以做吗？

弟弟犹豫了一会儿，小声但坚定地回答说：不可以！

这才是个人主义的真正精髓——不得以任何集体的任何名义侵占个人的利益。假若俄罗斯民族将此奉为至高无上的价值，那么，苏联农庄就不会出现，斯大林的大肃反也就无法进行，波尔布特也就失去了在柬埔寨进行大屠杀的借口。

我那个一点都不焦虑的考试梦，就反映了我这个反思过程。虽然，长期以来我已经开始形成自己的结论——我们误解了个人主义，也误解了奉献等。但是，我一直没有敢明确地形成这样一个结论，我还是处在探索之中。

然而，“繁华成落叶”精彩的文字，就像催化剂一样，一下子激活了我许许多多的思考。接着，它们发生化学反应，不断融合，而最终形成了结论性的东西。

我断定，一些价值观是不成立的。这就是我为什么在梦中大喊：

“这张试卷根本就没正确答案。”

梦中考试科目的选择也非常精妙。地理，可理解为“大地之理”，象征着社会最基本的道理。并且，中学时，尽管除了英语其他科目我都考过班级第一，但我最喜欢、最有把握的就是地理。如果换成其他科目，我都没有那么强的底气，可以理直气壮地说，这张试卷根本就没正确答案！

至于最后那句话——“我拒绝这种考试”，也反映了我那天晚上的一个感觉，我觉得自己的确可以跳出很多价值观所编织的网，能用一个自己更信服的价值观体系来看待人性和我们这个社会了。

我的考场在哪里

〔梦所洞察的真相〕

梦者：阿雯，女，45 岁，教师。

梦境：我们学校正在组织一次考试，开完考务会后，我从学校主楼出来，随大家一边说话一边走到了东楼。

可是，上了东楼后，别人都找到了自己负责的考场，我却找不到我的考场。于是，我回到主楼找到教务主任查我的考场号，结果发现，我负责的考场是在主楼。

从教务主任的办公室出来后，我又莫名其妙地朝东楼走去，走到一半的时候才突然想起，我的考场不在这里。

然后，我赶紧朝主楼走去，刚回到主楼就打铃了，考试正式开始了。我特别急，觉得已耽搁了考试，就往楼上跑，但怎么也跑不动。这时我突然发现，我手里拿的不是考试卷子，而是考试用的演草纸。

发现这一点后，我的心立刻平静了下来。本来我担心会耽误考试，但我现在知道，别的老师应该已把试卷拿到考场，所以考试是不会耽误的。

分析

前文提到，考试梦的基本含义是“考验”，要么是现实的考验，要么是道德考验，等等。

这个梦也不例外，尽管梦者阿雯不是考生，而是考官。

阿雯说，她从梦中醒来时，第一时间想到这个梦可能是预示性的梦，如果能有人帮她解梦，就可以知道预示着什么了。

接着，她又想起我在文章中多次强调，梦的最佳解释者不是别人，而是梦者自己。所以，她尝试了一下自由联想，即让念头自由游走，想到什么就是什么，然后顺着新出现的念头继续走。

当开始自由联想后，她脑海中第一个出现的念头是：“这个梦也许和我的病有关。”阿雯立即恍然大悟，瞬间便明白了梦的寓意。

原来，阿雯前不久得了病，初步诊断是癌症。因当地医疗条件不是很先进，所以很多人都会选择去附近一个大城市做治疗，但自己是不是也要这样做，阿雯有点犹豫。

正在她犹豫的时候，做了这个梦。

对这个梦，阿雯自己的分析是，主楼代表着本地，东楼代表着外地，别人大多选择去外地接受治疗，而她也想顺应这个潮流，这就是梦的一开始，她和其他老师一起去东楼找考场的寓意。

其他人在东楼找到了考场，她却找不着，这意味着别人可以找到床位，她可能在那里住不上院。这是很可能会出现的情况，现在癌症很常见，而一些口碑很好的肿瘤医院的床位普遍紧张。

在教务主任那里查到了她的考场在主楼，意思是，本地医院才是适合她接受治疗的地方。她仍莫名其妙地朝东楼走，说明她对本地治疗还是不太认可，而且这种不认可有点“莫名其妙”。

当她再一次返回主楼时，打铃了，她很着急怕耽搁考试，这个寓意可能是，如果去了外地找不到床位再回到本地，可能会错过治疗的最佳时期。

最后，她发现手里拿的不是试卷而是演草纸。对这一细节，阿雯的分析是，试卷象征着癌症，而演草纸象征着一般肿瘤，梦的这个细节意在告诉阿雯，她患的不是癌症，而是一般的肿瘤。

有了以上的分析后，阿雯决定不随大流，干脆就在本地接受治疗。最终，阿雯在本地医院做了手术，结果证明的确是一般的肿瘤，但如果再拖延下去，就有很大的可能转化成恶性肿瘤。

本来这看起来只是一个平平的梦，因为梦者洞察了梦的寓意，结果在很大程度上可以说是救了梦者一命。

我为阿雯清晰的自我觉知感到欣喜，而她给我的留言也显示，她对待癌症的态度也很值得称道。

她写道：

我当时还有一个特别的想法，就是不和疾病做斗争，因为觉得它和我们一样也是一个生命。它固然是伤害到了我的身体，但它也是为了自己的生存，不是为了伤害我而伤害我。它比我更可怜，手术后离开了我的身体它就会死的。我也没办法，我也是为了我的生存，而不是为了伤害它而伤害它。不知道这是不是慈悲心。

阿雯的故事像一个奇迹，而很多人的身上之所以没有发生这种奇迹，重要的原因是没有尊重自己的感觉。

后来，我和一个心理医生朋友聊天，她说了自己做过的两个梦：

1. 洪水冲向一个山洞，她先是躲在洞中一个低洼之地，觉得自己可以在这里躲过洪水的冲击。但洪水即将到来之际她突然明白，洪水太大了，这个低洼之地并不安全，于是她攀到山洞的顶部，向上挖了一个洞逃了出去。

2. 路上，她拣到了一个钱包。她很开心，但随即发现，她自己的钱包丢了。

不过，她自己的钱包里只有 400 元，而拣来的钱包里有约 800 元，显然是赚了，所以她很开心。

回到家后，她突然想起，她丢的钱包里的确只有 400 元，但里面还有几张银行卡，卡里还有不少钱。

这两个梦都令她从睡梦中惊醒。略做分析后，她知道都是关于股票和基金的。

第一个梦中的洪水象征着熊市，而“低洼之地”象征着“低洼股票”，即那些升值潜力比较大的股票。一直以来，她炒股很谨慎，所选股票都是消息人士推荐的“低洼股票”，所以她一直认为自己在股市上的抗打击能力比较强，但梦告诉她，当时熊市太厉害，这些“低洼股票”一样会受到冲击。

第二个梦，她认为讲的是基金。不过，半夜里从睡梦中惊醒时，她没有对这个梦做仔细考究，而是接着又入睡了。早晨醒来后，她忘记了这个梦，并在当天购买了一些基金，因当天的行情看来不错。只过了两天，基金行情下跌，令她亏了不少，这时她才想起这个梦来。

其实，除此外，她说自己还做过几次预示股市行情不妙的梦，但她都没有尊重这些信息，而是继续按照理性的计算去炒股，结果令她损失不小。

梦为何这么神奇？

我想起了印度哲学家克里希那穆提的话。他认为，我们的心处于空寂状态时，会自动洞察到事物的真相，而一般所谓清醒时候，我们的心其实是被无数的念头缠绕，洞察能力因而大为下降。

相比一般的清醒时刻，深度睡眠中的念头就少多了，起码意识层面的念头基本消失，我们因而距空寂状态近了不少，洞察能力因此增强，所以做梦时反而会比清醒状态更容易捕捉到事物的真相。

为何空寂状态会有可怕的洞见能力呢？

依照克里希那穆提的说法，当一个人处于绝对的空寂状态时，时间和空间就不存在了。既然时间这个维度不存在了，那么一个人就可以看到所谓的过去和所谓的未来的事情。同样的，既然空间维度也不存在了，一个人也就可以看到所谓遥远空间的事情。

对于绝大多数人而言，这种“冥想”状态终其一生都不会体验一次，不过在睡眠状态中，我们可以比平时更接近这种状态，也因而多了一些洞察能力。

不过，即便在梦中，我们的心仍然缠绕着不少念头，这些念头导致这些洞察很少会以直接的方式进行表达，而更容易使用隐喻和象征的方式，但通过自由联想的办法，我们可以一一绕过这些额外的念头，从而捕捉到梦所洞察的本相。这就是阿雯解梦的神奇所在。

摆脱考试的噩梦

〔将生命投入到真正的学习上〕

心灵成长会同步地体现在梦中，而梦的改变，也常是心灵改变的一种标志。对我而言，考试梦是一种极大的焦虑，而考试梦的化解，也是我心灵成长的一个里程碑。

我一直在说，向梦寻求答案，而我也一直有意识地在这样做。

梦是什么？

弗洛伊德说，梦是愿望的实现，梦是潜意识的反映，而潜意识中，则藏着我们的意识所不能接受的那些东西。

相比而言，我更喜欢美国心理学家马尔茨的说法：潜意识，是我们能量的容器，藏着无数资源，意识只要设定目标，潜意识就会朝向这一目标前进。

我很多次深切地体验过，梦中的思考无比流畅，远胜于我用意识层面的头脑进行的思考。

譬如，我曾连续三天，在梦中思考什么是投射性认同，其实不是思考，而是一个我给另一个我的讲解，讲解过程酣畅、自然、灵动，无比精微，醒来之后，我没法用语言描绘，但我知道，我对投射性认同的理解，绝对深入了不止一个层次。

譬如，一次思考自由时，我梦见，我在对另一个我讲解上帝粒子——希格斯玻色子，关于它我不过只是听说，而梦中的讲解，根本不是我认知水平所能达到的。

譬如，在思考专制、集体主义与个人主义时，我梦中破局，大喊出“这张试卷根本没有正确答案”。

至于梦中作曲、写诗、说英语、唱歌等事情，相信无数人体验过，梦中的创造力，远不是现实中的自己所能达到的。著名的故事则有，门捷列夫受梦的启发而写出元素周期表，沃森受梦的启发而提出了 DNA 的双螺旋结构。

我自己有一次竟梦见，康德跟德国皇帝说：天上没有一颗星星是多余的，地上没有一个人是坏的。当然，更频繁发生在我身上的是，我借助梦一次次地疗愈自己。

瑞士著名的心理学家荣格（曾是弗洛伊德最重要的弟子，他提出了集体无意识的概念，对中国文化非常看重）说：唯有洞察自己内心，眼界才能清楚。只往外看，那是发梦；内观始有觉醒。

我个人的成长过程，一次次地验证了这一点。例如考试梦。

我，我的朋友们，我的来访者们，以及我收到的读者来信中，考试梦都是最常见的噩梦之一。

譬如我常梦见自己又回到高中、初中，偶尔也会回到研究生时代，重新参加中考、高考或考研，这些梦中的我都会很焦虑。

常折磨我的有关考试的噩梦有两种常见的情形。

一种情形是，我回到了高中，在高考或其他考试中，我发现自己竟然什么都不会，特别是数学。

一种情形是，我在重读研究生，而我知道，我第一次读研究生时，一些科目没有及格。

实际情形是，我高考时数学考了 117 分，而满分是 120 分，只不过是我花了一年辛苦努力的结果。一如我在关于考试梦的解梦文章中所说，考试梦总是要取这样的点来折磨你——某一科目你曾经非常焦虑但最后你克服了它。由此，梦中，你的焦虑会达到顶点，但醒来时很容易如释重负——这一科我不是好好地过了嘛。

研究生时的情形则是，我研二上半年患上了严重的抑郁症，结果在学业上荒废了两年，后来申请延期一年，即读了一次“研四”才毕业。这次延期，以及两年时光的荒废，让我心中充满愧疚，所以我梦中要一次次回到这个让我有挫败感的人生节点，并在梦中去化解自己的各种痛苦感受。

2013 年春节前后，我又做了一次考试梦。梦中我再一次重读研究生，也一如既往地陷入焦虑与愧疚。我突然明白，我其实早已毕业了，我的各科成绩虽然不高，但都是过了的，我根本没必要再去重读研究生。

从这个梦中醒来，我有了很大的释然感，我感觉，折磨了我多年的考试梦，应该是再也不会出现了，因为我终于想通了一个在思想上困惑了我很多年的问题。的确，从那时到现在，我再也没有做过考试梦。

一直以来，我对自己考试梦的理解是，初中、高中我都是考试“暴发户”，尤其是高中，高考和高考前最后一次模拟考才考了全班第一，而之前，我从未进入全班前 10 名。至于重新考研究生，那似乎也很容易理解，我研究生期间患有抑郁症，仿佛浪费了两年时光。

既然是考试“暴发户”，心里就总是没底；既然浪费了两年时光，且险些不能研究生毕业，便会让我心里有一些歉疚。

虚度时光，该是何等的心虚。

一直以来，我略略庆幸的是，初中时，我将时间“浪费”到了历史、地理和生物这三科当时中考不考的科目上。初高中时，我两次因为迷恋围棋、象棋和自创的一种棋而把全班搞得成绩跌了下去。我也将时光“浪费”到唐诗、宋词、小说和哲学上……

大学时，我将时间大多用到了阅读和自省上，不只是全用到教科书、英语和计算机上。

但我仍然做了不少考试的噩梦。

张爱玲说，美多在与生活不相干的地方。

假若生命重来一次，假若从一开始，我更多地将生命投入到真正的学习上，生命尽情地怒放，那该多好。

那样一来，这样的考试噩梦或许就不会纠缠我了吧。

Part 5

接纳情绪梦，对生命说是

心灵感应：超越距离的心灵共振

一天晚上，一个噩梦将我惊醒，梦中我一度泪流满面，并发出了呐喊："这个世界为什么如此可怕！"

约一分钟后，尚在睡梦中的女友发出了"啊"的一声。显然，她也是被噩梦缠住了。

我赶紧将她摇醒，问她梦到了什么。结果发现，我们两人的梦展现了同样的含义。

这就是一种心灵感应吧。这种感应，在我们刚认识不久时就开始了。那时我们还不曾谋面，并且身处两地，只是通过网络和电话聊过天。一天早上，她从一个可怕的噩梦中惊醒，随即陷入焦虑和恐惧之中不能入睡。我也在快醒来时做了一个梦。

那天中午，我们聊到了各自的梦，发现我们的梦境丝丝入扣，我的心仿佛是跨越了一百多公里的距离，捕捉到了她的不安。我们两人做梦的时间也是紧密相连，她是 6 时 30 分醒来的，而我醒来也还不到 7 时。

数年前发生这样的事情，可能会引起我的震惊，但现在不会了，因为我从 2006 年到现在已做过很多个有心灵感应的梦。

第一次做比较清晰的这种梦是在 2006 年 4 月。也是在一个早上，我打开电子邮箱，收到了许久没联系过的初恋女友的电子邮件。她的电子邮件向来简单，看着她的寥寥数语，我有一种奇特的熟悉感，好像邮件中的句子我早读过似的，随即我想起，昨天晚上我梦到过她。

5 月，我们简单见过一次，然后再次断了联系。

到了 10 月，同样的事情再次发生，也是我在晚上梦见她，第二天早上打开电子邮箱便看到了她的邮件。

不过，我们再次断了联系。

2006 年年底，又发生了一些事情，过去的感情经历都被挖出来了，仿佛过去 12 年的人生又重新经历了一次，这让我感到很痛苦。于是，我决定借一个简单的仪式与过去的所有感情纠葛告别。

仪式很简单，就是准备两个酒杯和一个盆子。一杯酒是给自己的，另一杯酒是给前女友的。先斟满两杯酒，想象她就在我眼前，然后回忆从相识到分手的每一个印象深刻的细节，等回忆结束后，我将属于她的那杯酒倒在盆中，将属于我自己的那杯酒喝下。

做这个仪式的日期是 2007 年 1 月 1 日。仪式很简单，但很有用。以前，每当孤独在夜晚中袭来时，我会忍不住思念以前爱过的女子，那样就不会那么孤独了。但是，做了这个仪式后，我就不能再思念她们中的任何一个人了，似乎有一种说不出的墙一般的力量挡在了中间。

1 月 5 日晚，我做了一个印象很深刻的梦，梦见了我的一个高中女同学。我们是好朋友，但这是我唯一一次梦见她。6 日早上醒来后，我稍有些纳闷，不明白为什么会突然梦见她。

6日晚上，在公交车上我接到了一个电话，是初恋女友从几千公里以外打来的。接到她电话的那一瞬间，我浑身犹如被雷击。

不过，这不是因为接到她的电话有多激动，而是在这一瞬间，我彻底相信了心灵感应的存在。

◈ 心灵感应常见于亲密关系

我先是明白了5日晚的梦，知道梦见高中女同学，其实就是梦见她，因为我是通过那个同学认识她的。

接着我记起了2006年4月和10月的梦，我明白这三次梦都一样，都是我在睡梦中感应到了她对我的思念。

原来这就是心灵感应，原来心灵感应确实存在。这三次梦发生时，两次她是在数千公里之外，一次则是在数万公里之外，心与心的感应的确是可以超越空间的。

一旦真的相信了心灵的存在，我的心自然敏感了很多。此后，心灵感应事件在我身上频频发生。

心灵感应在亲密关系中应该是普遍存在的，关键是我们是否注意到了它的存在。

我们发现，许多同卵双胞胎之间会有很强的心灵感应，一个人如果产生了什么感受，另一个人无论在多远的地方都会感应到。

还有研究发现，新生儿普遍能感应到妈妈的情绪变化。譬如，有经验的妈妈知道，当尚在襁褓中的婴儿哭闹时，做妈妈的应该自省一下。她们会发现此时自己往往也处于烦躁中，如果她们想办法让自己的情绪平静下来，小家伙们会自动停止哭闹。

这只是婴儿对妈妈的心灵感应的一个小例子而已。婴儿的心灵是纯净的，还没有被污染，婴儿心灵感应的能力是惊人的，细心的人很容易发现这一点。

并且，孩子对妈妈的心灵感应能力会一直保留下来，只是越来越难以像婴儿时那样敏感而直接了。

后来，我参加了一个关于“家庭系统排列”的工作坊，知名系统排列导师郑立峰举了一个例子说，一个妻子经常对丈夫莫名其妙地发脾气，他建议这个妻子再发脾气时给妈妈打个电话。结果，她发现，每当她莫名其妙地想发脾气时，她的妈妈都处在痛苦中。

心灵感应也经常出现在文艺作品中，例如名著《简·爱》便安排了这样一个情节：圣约翰再次向简·爱求婚，简·爱动摇了，这时她听到了罗彻斯特在呼唤她的名字，于是回到了罗彻斯特的身边，而罗彻斯特告诉她，那时他的确正在呼唤她的名字。

电影《星球大战》中也有心灵感应的情节，譬如阿纳金痛失母亲并大肆进行屠杀给母亲复仇时，尤达在许多光年以外的距离感受到了阿纳金的痛苦。

◈ 心灵感应是家庭系统排列的神秘动力

家庭系统排列是海灵格创办的一种团体治疗方法，一般有多人参加，当给某一个人做治疗时，会先让当事人简单讲述想解决的问题，然后由他自己或老师在团体中选择“代表”，扮演他的家族成员和他自己。

接下来，老师会让“代表”们依照自己的感觉走到最合适的位置上，而“代表”们所组成的整幅画面以及每个“代表”的感受便揭示了当事人整个家族的问题。

最后，可以通过改变“代表”们的位置和疏通“代表”们的感受，实现改善当事人的心理冲突的目的。

尽管已熟读海灵格的著作《谁在我家》，并在我的专栏中推荐过这本书，但这是我第一次参加家庭系统排列的工作坊。

周六上午的前两个个案比较沉闷，我甚至都有了吃完午饭就撤的念头，但第三个个案令我感到极度震撼。

这是一个很严重的个案，当事人有剧烈的内心冲突，不过这并不是令我感到震撼的原因，我之所以被震撼，是因为扮演当事人的“代表”和当事人的那种细致入微而又无比敏锐的心灵互动，当事人的任何一点心理变动都会引起当事人对他的不同的感受，而这种感受又非常自然。

以前，我常形容那种心灵单纯至极的女子：就像一个小铃铛，怎么敲就怎么响，不同的敲法一定会引出不同的响声。

那么，这个扮演当事人的“代表”，就可以说是大铃铛了，其他“代表”以及当事人的任何一个变化都会使他发出不同的“响声”。

◈ 神秘力量将我推到合适的位置上

或许是当事人的开放和勇气、扮演者的敏锐和坚定、老师的从容与淡定等诸多因素加在一起，令那个场的能量实在太强了，我的身体也经常感受到一阵又一阵的强度不一的悸动。而我观察到，每当我的身体出现反应时，当事人和那个扮演当事人的“代表”都有强烈的情绪反应。

我还做了一个实验：闭上眼睛。那种悸动仍会袭来，随后我立即睁开眼，发现当事人和他的“代表”一样有强烈的情绪反应。

这是我可以观察到的三个人的心灵感应，我相信，这绝非是局限在我们三人当中，至少这应该是属于我们在场的所有人的一个集体心灵感应。

郑老师则说，这甚至都不只是工作坊当中的感应，也是当事人和他的家族成员的感应。他说，许多家庭系统排列的个案显示，工作坊“代表”们的感受似乎能够被当事人的家庭成员感应到，“代表”们的改变会自动引起相应的家庭成员的改变。

周日，我也有幸被邀请扮演了一个“代表”，因而体会到了系统排列的力量。

这不是一个家庭的个案，而是一个公司的。当事人是一个CEO，他选择了数名“代表”分别扮演他的重要属下。

当数名“代表”根据自己的感受找到位置后，一致感觉系统中还“空”了一个人，也就是说一个重要人物没有被当事人排进来。当事人则说，的确如此，他以前有一个重要的下属，但一个月前刚辞职，所以他本以为不必将他排进来。

于是，郑立峰老师指定我来扮演这个下属的“代表”，而本来没什么感觉的我一走进“代表”们围成的场中，立即有了清晰的感觉，并顺着这种感觉走到了一个位置上。

我一走到这个位置上，其他“代表”都说舒服了很多。

◈ 一个民族内也存在着心灵感应

以上这些心灵感应的故事都发生在两个人之间，那么，有没有集体的心灵感应呢？譬如一个家庭、一个社会，甚至一个民族的心灵感应，有没有可能存在呢？

一个全球性的研究证实了这一点。研究者在全球范围内同时测量许多国家的研究对象的脑电波，结果发现，当重大事件发生时，一个国家甚至全人类经常会出现脑电波的共振。

例如，当“9·11”恐怖事件发生时，全球范围内的研究对象的脑电波都出现了剧烈振动，而许多研究对象意识和情绪上并不知道发生了什么，但其脑电波仍然出现了剧烈振动。

中国申请举办2008年奥运成功的那一刻，全中国范围内的研究对象的脑电波都出现了剧烈振动，并且其中很多人同样不知道到底发生了什么。

德国心理学家埃克哈特·托利在他的著作《当下的力量》中写道，地球是一个生物体。借用他的话，也可以说，我们整个民族也是一个生物体，我们彼此之间并非是没有任何联系的独立的个体，而是切切实实有密切沟通的共同体，并且这种沟通时时刻刻都在进行，只是我们的大脑意识不到而已。

◈ 量子纠缠现象证明信息传递可不受距离限制

但是，我还感觉有一个被当事人忽略的重要角色没被列进来。这是一个藏在当事人背后的女人。所以，郑老师让一名女性做她的“代表”加入进来。

她走进场后，站在我背后。这时，我立即感觉到一种力量在将我“推”向圈外。以前作为旁观者时，我一直不明白，是什么力量推动“代表”们后退、前进或左右摇摆，一体会到这种力量，我立即就明白了。我顺着这种力量一直后退，当差不多彻底退出小组围成的圈子后，这种力量就消失了。显然，这是那个下属辞职的道理所在。

周日最后一个个案也给了我极大的冲击。这是一个很诡异的个案，似乎充满可怕而神秘的力量，很像恐怖片。假若不是事先已体会到了系统排列的场的力量，我很容易会按照自己已有的逻辑，觉得这像演戏，甚至即便感受到了场的力量，我仍然在怀疑是不是一个关键的扮演者将自己个人的感受掺杂了进来。

但是，当时在旁边坐着的当事人的感受显示，这不是扮演者的感受，而就是当事人自己的感受，因为当两个扮演者以一个很诡异的方式站在一起时，一直没有什么表情的她一下子就泪如雨下泣不成声了。

我们并不明白到底发生了什么，显然这个家庭的关系实在太扑朔迷离了，郑老师一直在以一会儿很强硬、一会儿又很温和的姿态控制着场面，最终他也没有清晰地点出到底发生了什么事情。也许他也不知道到底发生了什么事情，但当事人显然得到了极大的帮助。

在两天的工作坊中，我一直将注意力放在自己身上，从而清晰地看出，一些个案之所以唤起了我强烈的情绪反应，是因为我有类似的问题，而包含着这一类问题的个案毫无例外都会令我泪如雨下。对于这一类问题，我从不曾觉得自己受到了很大影响，但这些感受告诉我，它对我影响至深。

不过，其他的个案，当可以淋漓尽致地展现出来时，我都会有非常清晰的感受，但没有强烈的情绪。这时我知道，我只是有了一定程度的心灵感应，但我没有这类问题。

心灵感应的道理是什么呢？难道，它只能是不可解的神秘现象吗？

以前，我见过一种解释说，这是电磁波的传递。由此，可以理解，感受可以跨越数万公里的距离。

不过，如果按照这种理论，《星球大战》中尤达大师对阿纳金的痛苦的心灵感应，就不可能了，因为电磁波的传播速度是光速，阿纳金的感受要以光速传递到尤达大师那里，得需要不少时间。

当然，《星球大战》是科幻电影，但感受的传递有没有可能超越光速，甚至彻底不受距离的限制呢？或者，有没有信息的传递是彻底不受距离限制的呢？

这一点，量子力学家们观察到的“量子纠缠”现象给予了肯定的回答。

所谓“量子纠缠”，即指不论两个同源的粒子间距离有多远，一个粒子的变化都会影响另一个粒子的现象，即两个粒子间不论相距多远，从根本上讲它们还是相互联系的。

显然，量子纠缠是不受距离限制的，这就是爱因斯坦所不愿意接受的“超距作用”。

◈ 同源性越强，心灵感应越容易出现

假若意识和感受传递的道理类似于量子纠缠，那么，尤达大师的心灵跨越不知多少光年的距离，同时感应到阿纳金的痛苦，就是可以成立的了。

更精细的解释是，每一个粒子会“记住”并“忠于”它在原来系统中的信息，不管它离开原来的系统有多远，它仍可以和原来的系统同步纠缠。

郑老师说，海灵格等家庭系统排列大师们认为，这也可以解释家庭系统排列的治疗道理。当一个当事人将他原来的家庭系统呈现在工作坊中时，这个由“代表”们组成的系统也就可以和当事人的家庭系统“纠缠”了。所以，“代表”们在一点都不知道当事人原来的家庭系统到底发生了什么时，却仍可以在工作坊的场中将当事人的家庭系统给排列出来。

进一步还可以说，不管你身在哪里，你仍然在与你的家庭系统的“粒子”们进行“纠缠”，关键是你能否意识到这一点。对于一个婴儿而言，他的心灵是最开放的，所以他能很清晰地意识到对妈妈的“纠缠”，这就是婴儿们对妈妈普遍存在着心灵感应的原因吧。

两个相爱的人，看似是两个人的相遇，其实更是两个系统的相遇。我自己的和我所看到的无数爱情故事显示，两个相爱的人的两个家庭系统常有着惊人的相似之处，再加上彼此心力的投注，这使得爱人之间的心灵感应也更容易出现。

自然，最“同源”的便是同卵双胞胎了，他们的基因是完全一致的，所以，同卵双胞胎最容易产生不受空间限制的心灵感应

现象。

至于一个民族，它看似庞大，但如果无限向前追溯，他们也不过是少数几名祖先的共同的后代。由此，可以说，他们也是同源的“粒子”，出现“纠缠”现象也再正常不过。

再向前追溯的话，全人类、万物乃至整个宇宙都是同源的，那是不是可以说，我们与所有生灵乃至万物也因而有了“纠缠”的根本?

不过，最后需要指出的是，量子纠缠只是显示了信息不受距离传递是可以存在的，它未必就是解决人类意识传递难题的答案。在这一点上，不着急也不强行用已知的理论去解释意识传递的难题是一种合适的态度，我们首先要做的不是解释，而是承认一时无法解释的现象的存在。

在我看来，心灵感应现象就是这样的一种存在。

死去的好友变成老公情人

〔释放不良情绪〕

梦者：阿凤，女，38 岁，父母之间关系不好，已婚，有 1 个 9 岁的儿子。

目前，阿凤在家做主妇带孩子，丈夫开了个档口做小生意，嫂子在那里帮忙。

梦境：一间黑乎乎的屋子，坐南朝北。依稀觉得像二十五年前被火烧毁的邻居家。但又不全像。房子呈长方形，而且没有一盏灯。三扇门都只有门框而无门，两扇窗也是敞开的。大门直进南端有一灶，是几个石块垒成的简易灶，里面没火。上置一黑铁锅。西面是厢房，分里外两间。里间地面略高于外间三十厘米左右，靠北朝南有一大床挂着蚊帐。外间靠南朝北有一小床。我丈夫和一女子睡在里间大床上，透过蚊帐我看到他们恩爱有加，而那女子是我未嫁时的好友。

我和儿子睡在外间小床上，我怒火中烧又不敢发作，无比压抑。而后他们起床，我丈夫极殷勤地端来药水帮那女子泡脚，那女子烂脚，很严重，脚趾都溃烂了。之后，他们不知道去了哪里。

我气愤难填地起床，走出书房看见房间墙下放着一个旧柜子，很旧很脏，里面整齐地放满了一包包用来煮水泡脚的药。我走到灶台掀起锅盖，发现还有大半锅水，水上放着药锅。于是，我转身坐在柜子前，把柜子里的药往地上扔。扔了几包他们回来了，站在门口。我顺手拿起一根长竹竿，朝那女子脸上一顿打，打了一下又一下。那种感觉，就好像在用手打她耳光，非常解气。

我丈夫气极了，要打我。我怨恨地说："你放心，我会让你和她结婚的！"然后我醒了。

分析

这是荣伟玲提供的一个案例，阿凤是她的一位来访者。

荣伟玲认为，梦者自己才是解梦的第一人选，所以她先让阿凤自己进行解释，方法是自由联想，即梦中的一些细节让她第一时间想起了什么就说什么，如果同时想起了几个内容，就说那个她最不愿意说出口的。

阿凤想到了以下的内容：

1. 二十五年前，邻居家被烧毁的房子，让我胆战心惊，有好几年都怕听到哪里有火灾。

2. 未嫁时的好友，是一个本分、开朗的农村妇女，常常哈哈笑，很开朗的那种，我们关系一直很好，但她去年已遭遇意外去世。

3. 烂脚这个细节，让我第一时间想到嫂子的狐臭（这是自由联想经常发生的事情，其中的逻辑关系不重要，重要的是第一时间想到什么）。她有狐臭，现在在我丈夫开的店里帮忙，我很讨厌她，不愿意她在这里，因此和丈夫以及家里人闹过不少矛盾。

4. 长竹竿，就是农村用来晒衣服那种，我小时候曾被人从二楼推下来摔伤了，于是奶奶每天晚上拿长竹竿挂一件我的衣服，叫着“某某回来”，招魂的意思。意思是我中了邪，要招魂。

第三个联想揭示了这个梦的关键含义：她怀疑嫂子和丈夫的关系，她吃嫂子的醋。

◈ 梦表达了她不敢表达的内容

不过，这个怀疑是非常忌讳的，阿凤虽然经常和丈夫因为嫂子帮工的事情吵架，但她从不敢说丈夫和嫂子有染。

因为，第一，她没证据，只是怀疑，只是吃醋而已。

第二，如果把她的怀疑挑明，她在家里会更被孤立。

所以，她只是私下里暗自怀疑，却不敢把它说出口。

但梦就把这个怀疑表达出来了。不过，即便是梦，也不敢直接地表达，而是用了委婉的手法，即用好友替代了嫂子。好友，意味着是很亲近的人，而邻居家也是这个意思。然而，好友已经去世，所以这当然不可能发生，而是梦故意选了这样一个不可能的人物，表达的意思就是“你身边的一个很亲近的人”。

这个亲近的人是谁呢？烂脚透露了秘密，告诉阿凤她怀疑的是嫂子。

“二十五年前被烧毁的邻居家”，以及梦中的那些关于家的细节，有强烈的象征意味，即阿凤觉得，她的家正像“二十五年前被烧毁的邻居家”，虽然看上去还有家的模样，但其中最重要的情感层面已破碎不堪了。

至于“灶里没火”等细节，表达的也是同样的意思：这个家失去了火力（活力），很是冰冷。

丈夫和情人住里间，阿凤和孩子住外间，而且里间比外间高。对此，阿凤的自由联想是，她觉得丈夫和嫂子在家里的地位比她要高一等。

长竹竿也有很强的象征意义。童年时，长辈们用的一些仪式性的东西，会让孩子们觉得很神秘，觉得它有一些魔力。虽然长大了，意识上不再这么想，但它会留在潜意识深处，并在梦中表达出来。具体到阿凤的梦里，就是阿凤想用这个有魔力的长竹竿，惩罚她怀疑的“要把我推出家”的嫂子，为她的家招魂。

◈ 梦帮我们释放不良情绪

嫂子和丈夫的关系，确实是阿凤的一个心病。阿凤承认，她也觉得自己对嫂子的猜疑不是很有道理，但她抑制不住。

她告诉自己，丈夫不可能和嫂子发生什么事情，但丈夫对嫂子比对她要好很多，这的确让她受不了。她形容说，她和丈夫的关系是“灶里没有火”，而丈夫和嫂子的关系，则是“电磁炉”，虽然不够炽烈，但理性而稳定。

梦中的最后一句话——“你放心，我会让你和她结婚的！”——它的真实含义或许是，“你放心，我会让你和她继续合作的！”

阿凤不会把她的猜疑说给丈夫听，丈夫也不会因为她的不明理由而置亲情于不顾辞退嫂子，所以，嫂子会继续在丈夫的店里做下去，而阿凤的吃醋情绪也会继续下去。但在现实中，她不能明说，只能暗暗恼怒，这样的话，情绪就会郁积在心里，不利于阿凤的心理健康。于是，梦就替她把这种情绪宣泄了出来。

这样一来，即便阿凤意识上不明白梦的含义是什么，也会因为梦帮她宣泄了对嫂子的醋意，而在心理上得到一些疏解。

不告诉我们到底是什么意思，却帮我们宣泄了愤怒、嫉妒等被压抑的情绪，这是梦经常玩的一个把戏。

飞翔梦与坠落梦

〔化解不安全感〕

有两类梦，一开始很像，但后来的变化和感受截然不同。

一种是坠落梦，梦见从高处往下掉，而且是自由落体的感觉，很可怕。坠落梦有时非常简单，譬如梦见踢了一下腿，或从床上或台阶上掉下，按说没什么可怕的，却会被立即吓醒。

一种是飞翔梦，部分飞翔梦是从平地起飞，还有部分飞翔梦一开始也是从高处往下落，但过程是飞翔。

飞翔梦很美，反映的是自由，是生命力可以自在挥洒，是自己对自己、自己对世界深深的信任感和掌控感——我可以控制我的身体翱翔，而大地也是可以安全降落的。

坠落梦很可怕，也是最常见的梦之一，它反映了一个极其常见的问题——不安全感。不安全感，可以这样直观理解：当你向虚空坠落时，没有爱承接着你。

坠落梦，我记忆中没做过，而飞翔梦，我经常做，那种感觉，美好得不得了。有时，从梦中醒过来，我还沉浸在之前梦中那种美妙的自由感中，甚至觉得那就是现实——我真的会飞！有时，在梦中知道，这不是真的，现实中自己并不会飞，但试了几下，又飞了起来，那一刻又深信自己能飞了。

发了关于飞翔梦与坠落梦的系列微博后，我收到了上千条回复，逐一看了那些回复，发现基本都是坠落梦，飞翔梦很少。而飞翔梦都是感觉很不错的梦。

1. 半睡半醒间偶尔有坠落的梦，一开始恐惧，但很快感觉十分舒爽，就像是在飞，慢慢地开始期待这样的梦，刺激、快乐。

2. 前几天做了一个梦，梦见我在下坠，我扑腾着小翅膀，好像飞不起来一样，后来试了好几次，发现自己原来有老鹰一样的翅膀，一下子就可以飞到以前想也不敢想的山巅。

3. 我经常梦见自己自由飞翔，踩几下就飞到天空，有时候飞檐走壁，但在梦里通常是为了躲避某些人、某些事（有时候居然是要逃避自己的亲人），才要飞的。飞起来后除了有很自由的感觉，更多的是庆幸，庆幸自己能飞，终于躲过了。

4. 我经常梦见自己平地起飞，例如走着走着前面一片房子挡住路，拍拍手就飞起来了，然后一直飞，观察风景。这是否代表我想要自由又很容易得到？

5. 第二种梦（坠落梦）我只做过两次，在相隔很短的时间里。大部分时候我梦见自己在走路，忽然发现我像有轻功一样脚点地飞起来。梦的开始通常是我还无法掌控这种能力，时常会坠落在地上，然后渐渐能够飞得长久又平稳。梦中的我总在不断地练习，因为很喜欢飞起来的感觉。现实中我也一直在练习如何爱自己、尊重自己。

6. 从小到大几乎都做类似前一种的梦。前一段时间做过一次第二种梦，直直坠落，却不是很惊慌，快到地面时才慌乱摸索出了降落伞，撑开，刚好够平稳落地。感谢救我于濒死的安全感，虽然还不清楚那指代我生活中的什么。

再看看关于坠落的梦。

1. 从记事起到现在一直经常做从高处坠落的梦，每次都是被吓醒。

2. 我常常做坠落的梦，不安全感衍生出强烈的保护机制，任何男人喜欢我，我都对他们极其厌恶。这样我还能交到男朋友吗?

3. 从来没有飞起来过……每次都是两腿一蹬直接被吓醒。

4. 第二种梦我做过无数次，经常做。精神紧张、心理高压时会更容易做，倒是没想过是因为不安全感。

5. 以前老做飞起来的梦，但很怕掉下来，或者掌握不好平衡，或怕飞不回地上，主要是怕；还有那种简单的下坠，就好像走路掉进陷阱里一样，马上就醒了。

6. 经常被追杀，然后从高处掉下来。

7. 第二种（坠落梦）比较常见，而且场景多是黑色。

8. 以前睡着睡着好像就有凭空掉下去的感觉，现在好多了，基本上不会这样。真的跟人当时的境况有关系。

9. 我经常做的两个噩梦，一个就是坠落，在黑暗里不停地坠落，极度无助绝望的感觉，有时候直接被吓醒。另一个就是……数学考试！最近还做过几次这个噩梦，公司要给我们考数学，极度恐怖。

10. 以前常常做黑暗中一直往深处坠落的梦，类似无底洞，深不见底。几秒就被吓醒，全身抽搐。还有一种情况，没做梦，但是别人听到我说梦话，声音不大，像是挣扎，在呐喊。

11. “当你向虚空坠落时，没有爱承接着你。”下面是废弃的铁轨，这梦做了多少次了。

…………

这些坠落梦无一例外，都可以说是很恐怖的梦。

飞翔梦为何少见？坠落梦又为何如此可怕？坠落，特别是掉入虚空，意味着什么？

要回答这些问题，就要明白所谓的安全感与不安全感是怎么回事。

最好的安全感，是孩子在 3 岁前与妈妈构建了稳定而高质量的关系。一般来说，孩子要到 3 岁才能拥有情感稳定的能力。

情感稳定的能力，即，我相信那些发生的美好的感情是真实的，而且一旦发生就是永恒的，同时，我也相信那些发生过的伤害是真实的。

没有情感稳定的能力，则意味着，爱刚发生的时候，你相信爱存在，但随着时间的推移和空间的远离，你怀疑这份爱是不真实的，甚至是不存在的。

有情感稳定能力的人，也就是有安全感的人。没有安全感的人，也即没有形成情感稳定能力的人。

情感为什么能够稳定呢？为什么能够相信发生过的爱是永恒的呢？因为，经过三年与妈妈足够美好的相处，孩子将一个爱自己的妈妈形象内化到内心深处。从此以后，尽管有时妈妈或其他爱自己的人不在眼前，但孩子内心仍有一个爱自己的人——这个内在的爱自己的妈妈，让孩子能够稳定。

心中住进一个爱自己的妈妈后，孩子才能安然地探索世界，发展自己的独立个性，否则，就会一直有一种强烈的需求——找妈妈，但找不着。

飞翔梦，自己在天空中翱翔，而下面有坚实的大地。翱翔，即自己的个性与活力在自由伸展，而大地，则是爱。

坠落梦，先是不能翱翔，因为没有力量与勇气，更是因为，那不是有星星有云有风的美丽天空，而是没有大地没有着落的虚空。飞翔，没有归宿；坠落，也没有着落。

关于 3 岁前的孩子，有一个经典的养育画面：孩子在玩耍，而妈妈在旁边陪着。有时孩子要妈妈陪着他一起玩，但多数时候是自己玩，不时和妈妈分享，也不时回头看妈妈，和妈妈打个招呼。只要妈妈在，孩子就可以放松地玩耍——玩耍是孩子在探索世界。但若妈妈突然不见了，孩子就会立即大哭，转而去寻找妈妈。

这个画面，可以解释坠落梦和飞翔梦。

坠落梦可以疗愈吗？不安全感可以化解吗？当然！譬如，一场恋爱就可以化解。

我的一位朋友“何仙姑要学术”在我微博上留言说：

自从认识肥小肥，我就不做下坠的梦了。肥小肥真是肥天使。

她说的“肥小肥”也是我的朋友，我对他们很了解，她爱他爱得不得了，超满足，于是，漂在香港的她，心中有了一块安全岛。

另一个网友则写了一个类似的梦：

突然想起了很多年前做过一个这样的梦。也是梦到坠落，居然没有醒过来，最后被一个男生牢牢地接住了。醒来时梦境非常清晰，那种巨大的安全感和幸福感还历历在目。只是这个男生绝对不是当时的男朋友，难道潜意识已经为我们日后的分手做出了预告？

坠落到一个“正确先生”的怀抱里，大地由此而生，坠落梦，立即可以转化为飞翔梦了。

这条微博回复让我想起我的一句话：一个人是孤岛，两个人是大陆。

若没有爱情，坠落梦可以缓解吗？当然也可以。

母爱有两个功能：

第一，让孩子，特别是婴儿，和妈妈构建爱的连接。妈妈是婴儿的整个世界，这会在他心中埋下一个信念——我可以和整个世界连接，整个世界都是我的大地。

第二，照顾孩子，特别是婴儿，让孩子知道，他的需求会被满足，他的生活不会陷入混乱的失控中。

第一个功能，若童年欠缺，可由一场美好的爱情弥补。第二个功能，若童年欠缺，则可以由自己弥补，即，一个人逐渐学会自己照顾自己，自己打理自己生活中的一切，由此形成了自我掌控感。即，我的事情，我能行。

一个网友意识到第二点，他在我微博上留言说：

我也做过类似的梦。但我觉得不安全感可以不局限于爱和情感。对生活失去控制力都会有这种感觉。比如对某个重要的考试心生焦虑、压力非常大等。人生无非是一场增强控制力或者降低预期，甚至完全看淡的角逐。

很多人提到，坠落梦，是小时候多，长大了逐渐减少。这是因为随着年龄的增长，力量和资源的增强，自我掌控感在逐步提升。运气好的人，儿时获得的爱多，这是父母的馈赠，而爱能托住他不掉入虚空。运气不够好的朋友，儿时获得的爱少，容易掉入无底黑洞，但随着成长自我掌控力的逐渐增强，便可以自己撑住自己了。

自我控制感被打破时，也会出现坠落梦。譬如一网友说：

车祸后常梦见从高处坠落，无比真实的坠落感……异常真实……真实得可怕……是创伤后遗症吗？

这的确是创伤后遗症，即车祸暂时摧毁了自我掌控感。

虚空也是一个很有意思的譬喻。

虚空是什么？

为什么坠落如此可怕？如果一直往下坠，又能坠落何处？

寓言小说《盔甲骑士：为自己出征》的结尾，讲到盔甲骑士主人公最后听从教诲，直接从悬崖上掉入虚空，因此大彻大悟，悟到自己与天地相连，进而升上山顶。

在咨询中，我有时会给来访者做这样的比喻：我拿一个东西，譬如一支圆珠笔，放到桌子边缘，它掉了下去，但桌子下面，是无比宽广的大地。

任何人都可以跌落在宽广的大地上。

彻底的黑暗

〔退行到子宫，寻找安慰的力量〕

朋友的朋友，他五六岁的儿子出了状况，找我看看。

在饭桌上，我问男孩：你做梦吗？和叔叔说说。

他说，他常做一个梦，就是纯粹的黑暗，黑暗里什么都没有。

做这个梦时，你觉得怎么样？我再问。

他说：很舒服，有安心的感觉。

纯粹的黑暗，且很舒服，这是一个梦中常见的意象，它最明显的寓意，是子宫的感觉。

一个五六岁的孩子，常做这样的梦，或意味着，他想退行到妈妈的子宫里。

退行，是精神分析的一个概念。所谓退行，即在现实世界遇到了暂时应对不了的挫折，而无意识地退行到更早期的、曾获得的、能温暖自己的情景中，以寻求安慰。

在妈妈子宫里，这是所有人都曾获得过的温暖情景，所以谁都可能退行到这一情景中寻找温暖。不过，它也是最原始的情景，若总想退行到这一情景中，那通常意味着，只有这一最原始的情景，才能给他足够的安慰。

依此推理，这个小小的男孩，他之所以想退行到妈妈子宫里，或是因为养育环境让他太难受了。

现实情况是，这个小男孩的奶奶，是他的主要养育者，其次是妈妈，而奶奶与妈妈的控制欲望都极强，什么都要求他按照她们的意志去做。如果他不遵循，她们就会软硬兼施，直到他屈从。

并且，奶奶非常喜欢他、在意他，胜过在意这个世界上的其他任何人。

出于对奶奶的爱，他并不反抗，对奶奶言听计从，看起来什么都不对奶奶隐瞒。他还表现得超级懂事，大人们都对他非常满意。

他们之所以觉得孩子有问题，是发现，孩子不仅对奶奶和妈妈言听计从，在学校对老师也是这样。并且，老师的任何一句话，都会对他构成巨大的压力，让他无比焦虑。他的这种焦虑远超过一般孩子的，这才引起了他们的警惕。

听话，只是这个男孩一方面的写照。另一方面，这个男孩有一个特点：当他做自己的事情，譬如做作业和看电视时，简直可以做到对所有人的话充耳不闻。特别是奶奶，甚至大吼都不能引起他的注意。

大人们觉得，这是孩子的优点——他太容易投入了！

的确，他在一定程度上是投入，但这种充耳不闻，还有特别的心理含义：超级听奶奶等大人的话只是表面，而他内心，无比想从奶奶的聒噪与控制中摆脱出来。

曾有一位男性来访者，和他第一次谈话很困难，我总是昏昏欲睡。我向他坦承这一点。他说，啊，我太太也常说，我讲话有催眠效果。

我注意到，他讲话严重缺乏细节。当我将这一观察告诉他，并就他讲到的事情询问细节时，他说：真对不起，我忘记了。

他真的是忘记了，哪怕昨天的事情，问他细节，也常记不起。但这是意识层面的东西，潜意识中必有文章。

于是，我问他，你是不是有一个妈妈或奶奶等主要抚养者，总对你追根问底，什么细节都不放过，并且，他有超强的控制欲？

他非常惊讶，你怎么知道？

我说，根据经验，更根据你不能谈细节这一现象。如果有一个控制欲极强且对孩子总追根问底的主要抚养者，那么，孩子意识上会配合他，但潜意识上，孩子会希望有自己的空间。但后一种心理，孩子甚至都不让自己意识到，因为这会与对抚养者的忠诚和爱构成严重冲突。所以最好是，连自己都被欺骗了——意识上都不知道想对抚养者关闭。结果就变成，我绝对对你忠诚，你问我任何事情我都想告诉你啊，可是，我真的记不得了。

听了我这一番分析后，他就开始讲细节了。将潜意识的东西意识化后，容易有这种立竿见影的效果。

这个五六岁男孩的充耳不闻，即同样的心理逻辑：我意识上是对你绝对忠诚的，但我看电视和做作业时，我真的很投入啊，我投入得都完全听不到你说什么了。

这种投入有好处。有好几个俄罗斯的天才数学家，都是有超强的控制欲、无孔不入的妈妈，他们世界的每一角落都会被妈妈侵入，最终他们躲到妈妈根本懂不了的数学中，而获得了一份清静。

这种充耳不闻也有坏处。我见到的多位耳朵后天出问题的人，也是有这样的妈妈，他们意识上绝对听话，那不听话的一面，就通过身体来表达了。

极端的听话和极端的充耳不闻，反映了这个小男孩内心的分裂程度。意识和潜意识如此分裂，也可以看出，他的养育环境是极其有问题的。

常做那种纯黑的、类似子宫环境的梦，意味着，这个男孩想退行到那种绝对不受外界干扰而又被哺育的环境中。或许在黑暗中，才没有奶奶的控制与聒噪。

这个小男孩的退行心理有些严重，但这种想退行到子宫的心理其实非常常见，只是程度轻重不同而已。

譬如，他的企业家父亲也有这种心理。他不理解为何人们喜欢住在大房子里，而他喜欢住在小小的、紧凑型的房子里，那样让他觉得舒服，能有家的感觉。

这或许也是对子宫的向往。若是，那么可以说，这个在生意场上杀伐四方的男子汉，竟以这种方式，和儿子互为镜像。

将这一故事写在微博上后，引起了热议，很多网友也讲了类似的心理：

网友一：我也是这样的，我从小就喜欢紧紧凑凑的房子，总觉得那样有安全感。像欧美那种大房子，简直觉得心慌。

网友二：产后抑郁时，躲到大衣柜里，关上门，一片黑暗，不想出来。

网友三：想起我十来岁时，喜欢躲在桌子下面，缩成一团。

网友四：小时候常幻想住在一个透明却坚固的玻璃房子里，外面下着大雨、刮着风，还闪着雷电，房子里昏暗却温暖。想来这其实跟这孩子是类似的梦。

网友五：很享受黑暗，喜欢晚上关了灯、打开音响，在一片漆黑里躺着听音乐。睡觉的时候不喜欢房间里有一点光，关掉灯在黑暗里摸索也不害怕。

网友六：我明白了，我睡觉尤其是冬天喜欢把被子裹得紧紧的，把自己裹成蚕蛹状，估计跟这有关。

网友七：终于明白，为什么小时候每到冰冷的雨天，就幻想自己打一把超大的黑伞蹲在那里，并且这种幻想让我很安心。

…………

在咨询和生活中，我和许多宅男宅女交谈，他们感觉，若可能，只想缩在一个小小的蛋壳里，只自己容身就好。这个蛋壳，最好是坚不可摧、能彻底闭合，任何人都不能进的。

不过，全然的关闭，这只是一部分。如这是全部的话，那会孤独得要死。

所以，最好是，我缩在蛋壳里，但外面要有人，或者是一个不离不弃的陪伴者，或者是喧嚣的人群。

因为这种心理，很多宅男宅女的婚恋就变成他们缩在自己的壳中，小心地索求着恋人的陪伴。看似他们对恋人不在意，但对方若离开，他们就会遭受致命的打击。但是，他们若走不出壳，那恋人也会孤独得要死。

所以，无论如何，都要努力走出壳。同时，也不必对这种退行心理过于排斥，觉得时时刻刻都不能处于其中。

微博上，每当我谈到一种有问题的心理时——其实任何心理都必然有一定的问题，总有人问：怎么破？这次也不例外，许多网友问该怎么消除这一心理。

任何心理的形成，都有其合理性。急着破，就是否定了这种心理的合理之处。

若说，退行到妈妈子宫的想象，是谁都可能发生的。那么，是不是也可以说，这是一件多么美好的事？这是谁都可以找到的一种温暖与安慰。并且，很多时候，它真的能给我们力量。

所以，比破掉它更重要的是接纳它、觉知它，有时甚至还要清醒地回到这种状态中，主动寻找那原始的安慰。只是，不要太长时间甚至是永远滞留于这一胎儿时期的温暖。

特别重要的是，这种退行，都是因外界的挫折，暂时超出了我们的承受能力。寻找退行之安慰的同时，必须认识到自己遭受的挫折是怎样的，然后面对它，并调动各种资源去化解它。现实世界的挫折，才是真正需要破的。

实际上，受伤时，回到一个安全岛，积攒力量再出发，这是一生的隐喻。

子宫，是最初的安全岛。出生，则是最初的挫折。

幼儿时，这个安全岛就变成了妈妈。这时的经典画面是，幼儿在玩耍，玩耍即他在探索外部世界。他可以很投入地玩耍，但前提是妈妈必须在，妈妈不在，探索就难以进行了。探索受挫时，他也会寻找妈妈，或回到妈妈身边，寻找妈妈怀抱的温暖，然后，继续前行。

成年人，则要构建一个家，在外面冲杀受挫时，回到家的港湾充电，然后继续冲杀。

只是，子宫的温暖，是妈妈给的，这是一种恩赐，而家，则要自己构建，构建的同时，完善自我。

活着的亲人一个个离世，死去的亲人一个个复活

〔学会停止自责〕

梦者：莉莉，白领，年龄不详，已婚两年。

梦境：我和丈夫常为一点小事吵架，然后我就会做噩梦。噩梦有两种：一种是活着的亲人一个个死去，一种是死去的亲人从棺材里跳出来打我。

分析

莉莉的婆婆在三年前意外去世，这是解读这个梦的钥匙。

这个意外事件，莉莉没有在电子邮件中提到，她是在接受电话采访时，与我谈了约半个小时后才对我说："还有一件事情，我的婆婆已意外去世，这和我的梦有关系吗？"

当然有，而且这是核心问题。虽然这之前，她和我讲了几个她与丈夫吵架的细节，以及她和他对他们婚姻的感受，但如果她不说出这一事件，这个梦就难以得到精确的解释。

在电话中，莉莉讲述了婆婆去世的情境：三年前的一天晚上，

她丈夫（那时还是男朋友）陪着妈妈聊天，之后回到自己的房间休息，谁知道第二天一觉醒来，妈妈已去世。

对于他来说，这是一个巨大的打击。虽然时间已经过去三年，他的兄弟姐妹都走出了这一阴影，但他仍然深陷其中而不能自拔。

现在，他经常失眠。莉莉说，很多个晚上，她凌晨两三点醒来，发现丈夫仍然没有入睡，而是坐在卧室里大声地叹气："唉！唉……"

一次，莉莉问丈夫他在想什么。他的回答很吓人："我想把妈妈从棺材里挖出来，我相信她还活着。"

"你知道吗？"他对妻子说，"躺在床上，我觉得妈妈好像就在这个屋子里看着我，对我说她非常孤单，说希望我能陪陪她。有时，我觉得妈妈好像在责怪我，说我不是她的好儿子。"

◈ 为了买房子他没参加妈妈葬礼

莉莉丈夫的这两句话非常有代表性，反映了遭遇亲人意外死亡的人的两种最常见的心理。如果亲人突然死亡而我们又没有聆听到他们对我们最后的叮嘱，那么我们就很容易产生两种幻觉：第一，如果我做了什么，亲人就不会死；第二，亲人很孤单，希望得到我们的陪伴。

第一种幻觉，会让我们产生强烈的内疚，因为毕竟我们没有做我们想象出来的有效措施。第二种幻觉，源自幼稚的想法"相爱就是要永远在一起"，这会让我们产生或轻或重的自杀冲动。

莉莉丈夫的第一句话，源自第一种幻觉，他觉得自己只要做一件事——把妈妈从棺材里挖出来，就可以让妈妈活下去。当然这只是表面上的说法，更重要的原因是，作为最后一个陪伴妈妈的人，他会认为自己是最大的罪人，因为只有他才有机会和责任做些事情把妈妈救回来。这种想法会让他产生非常强烈的内疚和自责。

他的第二句话，源自第二种幻觉。他觉得妈妈很孤单，妈妈希望他去陪伴她。但这完全是他的幻觉，是他渴望向妈妈表达忠诚，是他认为爱就是要永远在一起。实际上，如果他有机会陪伴妈妈到最后，那么妈妈很可能会对他说这样的话："儿子，我要走了，妈妈希望你好好活着。"

但可惜，他没有机会听到这句话。

不仅如此，妈妈去世后，在筹办丧事期间，因为要办理买房子的手续，他在家人的一致支持下，提前回到了广州，没有参加妈妈的葬礼。这一点强化了他的内疚感。因为，葬礼这个仪式是完成对死去的亲人的真正告别与心理告别的最重要的机会。在没有听到妈妈最后的叮嘱的情况下，葬礼的这种意义就显得尤其重要。

之所以他的兄弟姐妹都已走出妈妈意外去世这一巨大创伤，他却在其中越陷越深，这是一个极为重要的原因。

◈ 常责怪妻子只因为太自责

死亡，是一个艰难的话题，我们并不容易获得面对死亡的大智慧。

莉莉也一样，她对丈夫的内疚、自责和自杀冲动都没有充分理解，这也导致她难以给予丈夫很好的支持。

莉莉说，为了丈夫，她去医院看过心理科医生，并在医生的建议下给了丈夫很多的安慰，譬如“要想开一点啊”“人死了就不能复生的”等。但当人陷入巨大的消极情感时，这种水平的积极安慰是起不到任何效果的，反而会让丈夫感到难受，让他感叹：“为什么你就不能理解我的痛苦呢？”

当巨大的自责感得不到排遣时，人要么选择一死了之，要么把自责变成责备其他人，以此来转嫁自己的部分痛苦。

这是莉莉的丈夫不断和妻子吵架的重要原因。莉莉讲了两次吵架的例子：一次是，丈夫虽然承诺“早点回家”，但一直喝酒喝到凌晨三点才回家；另一次是，她做好早餐后，叫丈夫吃早餐，叫了几次他都坐着没动，等再次叫他时，他突然间对妻子大吼一声：“不吃就是不吃，你别烦我行不行!!”

莉莉觉得很委屈，有时候忍不住会和丈夫争吵，争吵到最后，丈夫经常会说一句话：“我妈妈就是被你害死的！”

丈夫仍愤愤不平，而莉莉则觉得莫名其妙。“我对婆婆没做过什么啊？他为什么这样说我？”在电话中，莉莉感到不解。

她当时的确不解，而这也是她晚上做那两种可怕的梦的原因，梦在给她答案，只是她不能理解。

◈ 梦的机制之一：置换

置换是梦最常见的机制之一，即梦的本来意义是一个人，而梦中显示的却是另外一个人。但梦中显示的这个人，与白天发生的事情，或做梦人正在进行的心理活动，好像没有明确的心理联系，这让做梦人感到非常不可思议。

如果把梦中显示的这个人，换成另一个人，梦的意义就昭然若揭了。

像莉莉这两种梦，其机制可能都是置换。活着的亲人一个个死去，但每次梦中死去的亲人都不一样，这显得梦很荒唐，不知道是什么意思。如果这些亲人换成她丈夫，其意义就不言而喻了。

死去的亲人从棺材里跳出来打她，但每次梦见的亲人也都不一样，这显得也一样是不可思议。如果把这些亲人换成她婆婆，理解起来也就没有困难了。

◈“活着的亲人”象征着丈夫

第一种梦，“活着的亲人一个个死去”，其真正意义可能是“活着的丈夫即将死去”。

莉莉一直没意识到丈夫的自杀冲动。当谈到她那次和丈夫凌晨两三点的对话时，她只是自己感到不寒而栗，但没有想过，整夜整夜失眠的丈夫，可能已经快挨不下去了，很可能任何一个这样的夜晚，他都在生与死的边缘挣扎。她忽略了这一点，而梦在提醒她，她身边的一个很重要的亲人有自杀的倾向。

她丈夫那句话“我妈妈就是被你害死的”，则很可能有另一种含义：“我也即将被你害死”。

她丈夫可能对她有一些怨恨，譬如，那次凌晨三点丈夫才回家，这让她很难过，并和丈夫吵了一架，她说丈夫为什么就不想一想她是多么孤单，而且一直在等他。但她可能没有想过，对丈夫而言，回家不回家一样都是煎熬，因为他在哪里都是失眠，都仿佛感觉到妈妈在对他说，她很孤单，希望他陪陪她。这样一来，与其在家里睁着眼耗着，倒不如借酒浇愁。

甚至那次因早餐吵架，他很可能也是因为想妈妈而在发呆，所以当妻子一次次呼唤他时，他失去控制地发起了脾气。

和丈夫吵架之后，之所以她会梦见活着的亲人死去，也许正是因为丈夫的话中隐含着自杀冲动。她每次梦见的死去的亲人都不同，这也是梦的花招，在提醒她梦境只是象征意义，她最好不要去和具体的亲人对上号。

◈"死去的亲人"象征着婆婆

第二种梦，"死去的亲人从棺材里跳出来打我"，其象征意义可能是"死去的婆婆从棺材里跳出来打我"。

其实，莉莉已经不止一次听到丈夫说"我想把妈妈从棺材里挖出来"这句话，但她自己一直选择对梦与丈夫这句话之间如此显而易见的联系视而不见。

与前一种梦的意义不同，"死去的亲人从棺材里跳出来打我"还有其更难以理解的一层含义。毕竟，"活着的丈夫即将死去"这不需解释，但"死去的婆婆从棺材里跳出来打我"这显然是不可能的事。

那么，它的意思是什么呢？我的理解是，它在告诉莉莉，不是丈夫想责怪你，只是因为婆婆的死给丈夫造成的压力太重了，他的自责太重了，所以他要通过责备她来减轻自己的内疚。"不是丈夫要‘打’你，而是婆婆的死在‘打’你”，这应该是这个梦的真正含义。

当亲人意外去世后，活着的我们既自责又相互指责，这是最常见的现象之一。自责是因为自恋，是因为我们幻想自己很强大，而无视死亡的发生是更强大的力量在发挥作用。相互指责则是为了减轻内疚，否则我们会觉得自己活不下去。

但是，很多家庭就是因为这种相互指责而瓦解的。美国学者曾统计，当有孩子意外死亡后，夫妻选择离婚的概率数倍于正常的家庭。

莉莉感觉到了这一点。在电话中，莉莉最后说了一句话：“我感觉我们早晚会走到离婚这一步。”

是的，如果丈夫不停止对妻子的指责，这个家庭是很难继续下去的。并且，离婚还有另一层诱惑，即丈夫通过终结自己的幸福生活这种自我惩罚，表达了对妈妈的忠诚，“妈妈，你去世了，但我也很苦，所以我们还是在同甘共苦。”

但要丈夫停止对妻子的指责，首先他要学会停止自责。他最好去接受心理治疗，在心理医生的帮助下完成对妈妈的告别。

到了那个时候，他会真正明白，他的自责、内疚和自杀冲动都不是对妈妈的尊重。因为如果有可能的话，妈妈势必会对他说：“儿子，我要走了，我祝福你，希望你幸福。”

这是一个可以呼唤灵魂的湖

〔内疚常源自幻觉〕

梦者： Wing，女，不到 30 岁。

梦境： 奶奶去世一年后，我梦到有一天傍晚，我沿着一条石路来到一个湖畔，湖岸上砌着很多黑色的大石头，湖水也是黑色的，我突然大声呼唤奶奶的名字，她出现了，过来拉着我。

原来，这是一个可以呼唤灵魂的湖。渐渐地，湖上陌生人越来越多，他们都在大声地呼唤着。

分析

显然，这是一个关于死的梦。

但是，读这个梦时，我没有一点的恐惧感。相反，倒是对这个梦有一种说不出的好感。

后来，把这个梦说给解梦高手荣伟玲听，她和我一样，也在第一时间对这个梦和做梦人产生了说不出的好感。

于是，我们断定，这很可能是一个大梦。

所谓大梦，即梦揭示的，并不只是做梦人一个人的生命层面上的东西，而且反映了人类一种普遍的东西。

具体就是，这个梦超越了 Wing 一个人的生活层面，它是对生与死的本质的揭示和反映。

后来，Wing 给我的信也验证了这一点，她写道:“对她（奶奶）来说，安详地走完人生最后一程，可能是好事，只是我对生与死未能看透。”

她的意识是没有参透生与死，但她的潜意识可能已经做到了，并试图通过这个梦来指引她。

死亡是大自然的规律。

做这个梦时，Wing 的奶奶已去世一年。她在信中说，奶奶去年初病了，就在大家以为病差不多治好的时候，奶奶有天在睡梦中突然去世，当时没有一个亲人在场。

奶奶已经是高龄，而且睡梦中去世意味着没有什么痛苦，这算是非常好的死亡方式了。

然而，活着的亲人不会这么想。面对这种情况，我们会产生极度的懊悔，并忍不住想:“如果我当时在场，并做了什么事情，亲人就不会死了。”

这当然是一种妄想，因为当死亡逼近的时候，我们能做的事并不是很多，只能是陪伴，陪伴亲人走过生命的最后一程。

但单纯的陪伴是非常难受的。自恋的我们总以为，我们有能力，我们可以做很多事情，阻止死亡的发生。

譬如，当亲人患上癌症等不治之症时，我们拼命地带亲人做各种治疗，甚至不惜倾家荡产。我们其实知道，这些昂贵的治疗很多时候并没有什么效果，它最大的作用就是让活着的人好受一点，“毕竟，我们尽了力”。我们会这样想，并认为这才是爱的表现。

这是爱的表达方式之一，也是自恋的表达方式之一。我们惧怕死亡，我们内心自以为自己是强大的，甚至可以强大到抵抗死亡。但是，死亡是大自然的规律，是不可避免的事实，是我们必须加以尊重的力量。我们应学会坦然地面对一些不可逆转的死亡。

◈ 内疚常源自幻觉

其实，绝大多数情况下，亲人去世时，他们会教会我们一种态度。假如你能在最后一刻赶到，那么即将去世的亲人会用相当坦然的态度对你说：“我要走了，你们要好好活下去。”

前文提过，这种最后时刻的祝福至关重要，它会让活着的我们真切地感受到，亲人的死亡没有那么可怕。

更重要的是，这种最后时刻的祝福，会打断我们最常见的两种幻想：第一，我如果做了什么，亲人就不会死；第二，亲人好孤单，希望我去陪伴他。因为第一种幻想，我们会产生内疚；因为第二种幻想，我们会产生或轻或重的自杀倾向。

◈ 这不是一个噩梦

Wing 没有聆听到挚爱的奶奶最后时刻的祝福，这让她也产生了幻觉，只是比较轻微，这可以从她的信里看出来。“我觉得她太孤单，不舍得她离开。”她写道。

至于这个梦，在我看来，就是奶奶完成了临死前对孙女的祝福，只不过是在梦中完成的。

黑色的湖水，Wing已经明白，这意味着灵魂之湖。她呼唤奶奶，不仅奶奶出现了，还出现了许许多多的陌生人。这仿佛在说，奶奶并不孤单，奶奶是进入了另一个世界，那是她的年龄、她的人生势必将进入的阶段。奶奶拉住她的手，也仿佛是在安慰她，告诉她不必自责。

梦的细节还欠缺一些，所以不能就梦做太详细的解读。就Wing的文字风格，以及其中透露的情绪而言，这应该不是一个噩梦。

不过，既然Wing的信中没有透露奶奶有没有对她说最后的祝福，我建议她自己试着完成一下。

譬如，重新想象整个梦的画面，在最后，想象奶奶对自己说："好孙女，我来到了我该来的地方，你要好好地在你该在的地方活着，奶奶祝福你，祝福你的小家庭幸福美满。"

十条建议

这篇文章发表后，我收到了很多讲类似的梦的信。

这些信，都是因为有亲人意外死亡，而导致当事人产生内疚、自责而无法自拔。我无法一一回复这些信，希望在这里给一些共同的建议。

一、亲人离世之前，请尽可能回到他/她身边，听到他/她对你说的最后一句话，这至关重要。并且，轻易不要因为任何原因而不参加葬礼。

二、亲人离世前的最后一句话，几乎都是对你的祝福："我要走了，你要好好活下去。"

三、如果没有听到这句话，你必然会产生内疚与自责，并且会有幻觉，觉得他/她好像希望你去陪伴他/她，并因此产生或轻或重的自杀冲动。请明白，这不是你的特殊感受，而是所有与你有类似遭遇的人的共同感受。

四、亲人的最后一句话一般是祝福，所以你觉得他/她希望你去陪伴他/她，这只是你的幻觉，是发自你内心的愿望，但并不是他/她的。

五、自责是严重的自恋。导致意外死亡的，是你不能左右的力量，你是因为幻想你特别有力量，才有了严重的自责，实际上，你能做的选择并不多。

六、亲人之间相互指责时，请理解，他们并不是真要责怪你，而是因为死亡的压力太大了，他们不得已要推卸一些责任，虽然这责任其实是虚无的。

七、不要以摧毁你自己的幸福生活这种自我惩罚的方式，来表达对死去的亲人的忠诚。这实际上是对爱的背叛，因为他/她绝对不希望看到你惩罚自己，而是希望看到你幸福快乐。

八、挚爱的亲人意外死亡，会给你带来严重的心理创伤。如果你不能抚平心理创伤，请去寻求心理医生的帮助，或者学会向能理解你的亲朋好友倾诉你的痛苦。所有这些努力，都是为了完成对死去的亲人的告别。

九、当有人向你倾诉这种痛苦时，不要对他说“忘记不就得了”“要想开一点啊”“人死不能复生”等这些“绝对的真理”。在巨大的痛苦面前，这些“绝对的真理”是没有任何用处的。与其做这种安慰，不如静静地听他说，陪着他流泪。不要怕他哭，不要怕他流泪，因为哭和流泪是最好的治疗。

十、无论怎么努力，痛苦都会存在，内疚也不会完全消失，这是正常的。

此外，我推荐海灵格的著作《谁在我家》《爱的序位》和日本作家村上春树的著作《挪威的森林》（尤其是书中玲子和渡边给直子做一个“不凄凉”的葬礼那一段文字），这些书会让我们学习如何面对死亡。

煮不死的蛇

〔接纳性欲与攻击〕

梦者： Kitty，女，23 岁，广州某 IT 公司员工。

梦境： 大水来了，别人的房间没事，我住的房间却被淹没了，很快变成了池塘，里面有各种动物出没，像鱼啊、蛇啊，还有青蛙什么的。

水里有两条粗大的蛇在游动，我觉得它们很危险，而我手臂上还挂着两条小蛇，它们是我的朋友。我要去对付两条大蛇，为了使小蛇不被大蛇伤害，我放走了两条小蛇。

爸爸出现了，他帮我把两条大蛇捉住，并放到了锅里，我们想煮死它们。

刚煮了一会儿，我急着想看看它们死掉没，就掀开锅盖去看，结果被蛇缠住了手，手还被咬伤了。

我很担心，马上想去网上搜一下，看看它们是不是毒蛇，这时看到蛇身上居然还挂着小牌子，写着蛇的名字，“× × 豹猫”。

我没再查了，而是接着煮它们，因为特别怕煮不死，所以这次煮了很长时间。等觉得它们死定了我才打开锅盖，叫来两个堂弟一起吃蛇肉。我这时仍心有余悸地说，小心，别碰它们，因为蛇头还在轻轻地动，说不定还没死。

分析

做这个梦的前一天晚上，Kitty 刚和一个男子确立了准恋爱关系，他们约定“不妨试一试”。

不过，Kitty 早就开始关注这个男子了，所以，准恋爱关系的确立对她的内心会有很大的搅动。大多数人都一样，一旦开始了一场自己在乎的恋爱，内心的很多东西都会浮现出来。

这是 Kitty 这个梦一开始“发大水”的情境的含义。水，在她这个梦里象征着潜意识，水只淹没了她的房间，而没有淹没别人的房间，像是在说，只有她的潜意识被唤醒了。

水里的鱼、青蛙和蛇等动物，或许都象征着她内在的部分的“我”。自然，这里面最富有意义的是两条大蛇和两条小蛇。

对于大多数人而言，蛇都是梦中最容易出现的形象之一，而蛇在我们的民族文化中也有着丰富的含义，这些含义可以在形形色色的梦中找到。比较常见的含义有以下两种。

第一，象征着性欲。蛇的形象类似男人的生殖器，而蛇的繁殖能力和性能力也非常惊人，被视为中华民族先祖的伏羲和女娲，他们最著名的一幅图画便是人首蛇身的他们正在交配。

第二，象征着攻击。毒蛇有剧毒，而且行为莫测。据研究，人类和哺乳动物对爬行动物普遍有着本能的恐惧。

欲望也罢，攻击性也罢，对于生活在所谓的现代文明社会中的我们而言，它们仿佛都是禁忌，同时也是我们力量的重要源泉。性欲会驱动着我们与异性建立关系并繁衍后代，攻击性则可以保护自己或攫取资源。

然而，因为这两种力量的危险性，我们都容易压抑它们。如果太压抑，就会导致意识和潜意识的分裂。意识上，我们，尤其是女子极其惧怕蛇，但潜意识上，她们心中又潜伏着蛇的本性。

Kitty胳膊上挂着的两条小蛇，象征着她在一定程度上接受了自己的性与攻击的本能，这是一种意识与潜意识、本能与文明妥协的结果，所以它们尽管是蛇，却只是可爱的朋友而已。表现在Kitty的身上就是，她很喜欢显示出很单纯的样子，却透露着性感；她显示出很乖巧的样子，其实很调皮。性感是对性本能的妥协，调皮则是对攻击性的妥协。并且，两条小蛇分别挂在她的两条胳膊上，这象征着，她的力量其实源自性欲与攻击的本能。

水里的两条大蛇，象征着被她压抑到潜意识深处的性欲与攻击的本能。她在解梦时对我说，这两条大蛇"很凶恶"，令她既讨厌又恐惧。当任何一个男子对她发出性的信息，或表现得咄咄逼人时，她很容易被唤起这种感受。

不过，这种感受的最初来源，其实是她对父亲的感受。她的父亲就是一个有很多情人而且非常有攻击性的男子。她对父亲一直以来非常反感，并且这种反感也蔓延到她自己身上，令她一直极力压抑自己的欲望和攻击性。

所以，她比较喜欢温文尔雅的男子，而她的准男友就是这样的人，但他和其他男人一样多少都表现出了性欲和攻击的本能，这又唤起了她的厌恶和恐惧。

更重要的是，她的内心藏着很多对性欲与攻击的厌恶和恐惧，而不管和任何男人恋爱，这些潜意识深处的东西都会被唤起。并且，她越想恋爱，这些东西被唤起的程度就越强烈，而这次，她对这个男子很有感觉，所以内心深处的“很凶恶”的大蛇就在水中出现了。

然而，性欲与攻击是不能被消灭的。

和大多数父亲一样，Kitty 的爸爸不会一味粗暴，他也有温情的一面。不仅如此，他还有矛盾的一面。他自己滥性而粗暴，却希望女儿是纯洁的，“纯洁”这个词意味着“看上去既不性感又没有攻击性”。

这样一个父亲被内化到内心深处，就是弗洛伊德所说的“超我”了。他捉住了两条大蛇并放到锅里去煮，就是 Kitty 的“超我”要消灭“本我”。

锅在这个梦中也有很有趣的含义，它可以理解为弗洛伊德的“自我”，是用来调和“超我”和“本我”的冲突的。在“自我”的锅里，“超我”绝不可能彻底获胜。

所以刚煮了一会儿，Kitty 就想去看看大蛇有没有被煮死，结果它们仍然“很凶恶”，咬了 Kitty 一口。

在和 Kitty 聊天时，她一开始说，她深信两条大蛇已彻底被煮死，“肯定煮死了，一个小时不死，就再煮，一定要煮死为止，没有煮不死的东西。”

但是，当放松下来、慢慢回忆梦中的情境时，Kitty 记起，两条大蛇的身子是煮烂了，但蛇头还在动，所以她才警告她的两个堂弟，小心不要被蛇咬了。

这显然是说，性欲与攻击的本能是煮不死的，不管我们怎么抗拒它们，它们最多只能被我们压抑，而永远不会被消灭。

Kitty 很喜欢她的两个堂弟，因为他们和她的父亲是截然不同的人，很温和很友善，而她喜欢的那个男子也是这样的人。所以，可以理解为，这两个堂弟象征着那个男子，而她也的确一直在要求那个男子对她既温柔又不要动色心，“开开带着色情意味的玩笑可以，但他一定不能在这方面着急”。

非常有趣的一个细节是大蛇的名字，“× × 豹猫”。Kitty 说，她梦中还记得这个豹猫的具体名字，但醒来后就记不得了。

她说自己很喜欢养猫，对各种猫的习性都比较了解，譬如豹猫，野生的豹猫是非常有攻击性的，但被当作宠物养的豹猫，是非常温顺而听话的。并且，就在做这个梦的前一星期，她还在淘宝上看中了一窝小豹猫，和其主人讨价还价想买一只，只是最后没有成交。

这个细节无疑在说，尽管 Kitty 把象征性欲与攻击的两条大蛇看作“很凶恶”的敌人，但它们其实是可以和豹猫一样被她驯服的，如果她能用对待豹猫的态度去对待这两条大蛇的话。

这也是适用于我们每个人的道理，如果我们想成为内心不分裂而且又有力量的人，就得学会接纳这两种力量。

100 元还是 400 元

〔性能量带来人生的活力〕

梦者：许先生，男，40 余岁，已婚。

梦境：和一个情人（现实中有此人但并无情人关系）在一起，我们情欲高涨，恨不得立即做爱。于是，我们迅速定了一家五星级酒店，打了一辆出租车过去。

到了酒店门口，情人先下车。要交钱时，出租车司机说，400 元。

我大怒，怎么可能 400 元？ 100 元就够了！

我们争执起来，情绪激烈，谁也不肯让步。争执持续了很长时间，我忽然发现那如火焚烧的情欲正逐渐消退，看了情人一眼，发现她在酒店门口站着，落寞而无奈。

分析

许先生是我的一位来访者。

对于这个梦，他自己有一点领悟。他说："武老师，是不是我的生命经常陷在 400 元还是 100 元这样的争执中，就可以避免性带给自己的焦虑了？”

的确。但同时，也就无法享受情欲的欢愉了。

这个梦，这份感悟，我想，或许可以解读我们文化中许许多多的现象。

弗洛伊德说，文明就是对性的防御与升华。

干吗要防御？弗洛伊德的答案是俄狄浦斯情结，也就是男孩的恋母弑父情结与女孩的恋父仇母情结。（一般是将恋母弑父情结称为“俄狄浦斯情结”，与之相对应的恋父仇母情结称为“厄勒克特拉情结”。中文语境有时也将俄狄浦斯情结说成恋母弑父情结和恋父仇母情结。）

性是排他的，而性最初萌发时，3 ~ 6 岁的孩子针对的是自己的异性父亲或母亲。这是对同性的父亲或母亲的背叛，于是这引发了一系列复杂的心理问题。

化解俄狄浦斯情结的关键是，让孩子认同自己的同性父母。

要实现这一关键，父母的关系要好，他们彼此深爱，彼此认同，同时父母又都爱孩子，并让孩子感受到，父母之间也是彼此深爱的。

实现这一点还要有一个前提，即无论男孩还是女孩，在 3 岁前与妈妈的关系都要非常好。这种好包括两点：第一，稳定，妈妈与孩子没有长时间分离；第二，有质量，即妈妈深爱孩子，能看到孩子的真实存在。

妈妈，势必是不完美的。所以，每个婴幼儿心中都有两个妈妈形象：一个是能看见自己、满足自己、陪伴自己的好妈妈，一个是否定自己、拒绝自己、抛弃自己的坏妈妈。并且，好妈妈会对应养出一个善良的好孩子，坏妈妈会对应养出一个恶毒的坏孩子。这是每个人心中好（妈妈）与坏（妈妈）、善（孩子）与恶（孩子）的最初分裂。

若好妈妈的部分足够多，孩子 3 岁前就会初步形成宽容与整合能力。他能整合外部世界的好与坏和自己内心的好与坏。若坏妈妈的部分很多，孩子的整合能力就不能形成，因为对他而言，将好妈妈和坏妈妈整合到一起，意味着好妈妈的部分会被坏妈妈的部分淹没。

3 岁后，父亲开始介入到母子关系中来。这时，父亲就会被孩子——特别是男孩，知觉为敌人。这一方面是真实的，父亲对孩子和妈妈的依恋关系构成了挑战；另一方面是投射性的，即孩子将坏妈妈的原始形象投射到父亲身上，并以坏孩子的态度恶意对待父亲。

若好与坏、善与恶的对立本来不严重，孩子有初步的整合能力，父亲也不算太差，譬如对儿子没有浓烈的敌意，相反很爱孩子，那么，儿子就能接受妈妈与父亲并存于自己的现实世界。

若好与坏、善与恶的对立本来就很严重，而父亲对儿子又缺乏爱，甚至有浓烈的敌意，那么 3 岁后，俄狄浦斯情结就容易成为男孩过不去的一道坎儿。他会渴望独占母亲，并有强烈的弑父情结。

虽然，没有多少男人真的会有弑父行为，但这种藏在内心的罪恶，会带来无数困扰。

女孩也有类似的心理发展过程，但比男孩复杂晦涩很多。

在我们的社会中，俄狄浦斯情结往往比较严重。这有几个原因：

第一，自身缺乏爱的能力，导致夫妻之间缺乏爱情的滋养。

第二，母亲很容易和儿子构建过于亲密的关系，对儿子的情感很容易超越对丈夫的情感，这让儿子成为俄狄浦斯情结的胜利者。

第三，母亲自己的人格发展很不完善，结果，对儿子的爱不够，又构成了对儿子的严重吞噬，这让儿子内心中好妈妈与坏妈妈的对立很严重。

第四，父亲疏离于家庭，和孩子构建关系时多是严厉冷漠的，结果他们貌似儿子的敌人，儿子将心中的“坏妈妈”，即原始敌人的形象投射到父亲身上。

这些因素加在一起，让很多家庭、社会乃至历史文化中，都暗藏着浓烈的俄狄浦斯情结。为了防御俄狄浦斯情结，我们有两个重要办法。

第一，孝道。孝道，在我看来主要是孝母的。孝是敬而非爱，爱是亲密亲近的，而敬是尊卑的，是疏远的。

第二，压抑甚至灭掉性欲。既然男孩的原罪，是将性欲指向母亲，而将杀戮欲指向父亲，而杀戮也是为了争夺情欲。那么，灭掉情欲，也就灭掉了随之而来的竞争欲。

由此，我们的文明，以及我们文明涵盖下的东方文明，夫妻之间的情欲往往是被排斥的，而亲子之间的爱却是被极力鼓励的。结果，这进一步加剧了俄狄浦斯情结的严重程度。

于是，我们又发展了一系列复杂的文明机制，去防御这种焦虑。

人的活力、能量往往是和性联系在一起的，性能量不能很好地面对，将意味着所有的能量都不能很好地面对。

比如在许多个考试焦虑的故事中，我们隐隐看到了隐藏于其中的这种信息。

其实，将整个生命能量都消耗在 100 元还是 400 元的争执中，性焦虑可能被防御了，但享受生命也因此变得不可能了。

当然，俄狄浦斯情结并非仅仅是某个人，某个家庭的问题，而是整个世界的问题。弗洛伊德认为，人都逃不过这一情结。

看过一部电影《明日，战争爆发时》，讲的是一群高中生出去郊游而引发的事。

一群高中生出去郊游会如何？他们的父母心知肚明，但犹豫后都批准了孩子出去。一对父母还挤眉弄眼地商量，他们都嗅到了青春期性欲的骚动，他们年轻时也是这样度过的，所以他们不介意孩子也这样度过青春。

郊游那天，他们嬉戏，他们追逐，他们游泳，他们相互表达但又拧着……

情欲在这个过程中日益高涨。同时，按照精神分析的理论，他们的竞争欲及杀戮心也在高涨。

当天晚上，他们围着篝火睡成一圈，不知有否睡着，更不知情欲如何安放。

突然间，听到奇怪的声音，多架飞机飞了过去，这让他们有种很不好的预感。

回到镇上，他们发现战争爆发了，他们的亲人都被抓到了集中营。

接下来，经过一系列的机缘，这群高中生都成了战斗英雄。

经由这个过程，性的动力变成了攻击的动力。本来男孩指向父亲的杀戮心，女孩指向母亲的嫉妒心，变成了对真实敌人的攻击。

战争中，攻击的动力是简单而清晰的，我是对的，你是错的，或至少不是你死就是我活，不必太纠结。

但性的动力是暧昧而纠结的，会纠结到让一个人的心复杂到自己和别人都看不清。

回到许先生的那个梦上。可以说，100元和400元的事，他是可以和出租车司机理直气壮地争执的，可以让生命能量不那么焦虑地耗费在这里头。

若细致地分析，这个梦还有以下含义。

第一，和情人去五星级酒店偷情，针对的是，和妻子在家中做爱。

无数与母亲过于亲密的男子，在与妻子过性生活时都会遇到大麻烦。这有两个常见的原因：第一，妻子等于妈妈，若与妻子做爱，等于将情欲指向妈妈，会引起严重的焦虑。第二，妻子等于妈妈，与妈妈过度亲密，让他们有了被吞没感，若与妻子过度亲密，也会引起他们的被吞没焦虑。

所以，找情人去五星级酒店偷情，这意味着轻松、不负责任。而性爱必须有轻松感，才能有情欲中那种特有的欢愉。太沉重，会伤害性快感。

第二，出租车司机是男人，他或是许先生内心父亲形象的投射，他们争论出租车费用的事，将敌意消耗到这种琐事上，也避免了他们更严重的竞争。

许先生本来就有严重的问题，他与妻子不仅性生活质量很差，情感也逐渐变得疏离，因此引出了一系列家庭问题。随着咨询的深入，特别是对俄狄浦斯情结的探讨，让他发生了一系列改变，最终修复了与妻子的关系。这是双方面的，情感和性爱都变得美满了。

夫妻关系是家庭的定海神针。当许先生夫妇的关系改善后，他们家庭的一系列问题也得到了改善。

无数虫子爬在我身上

〔对性的恐惧和拒绝〕

梦者：Vivi，女，26 岁，已婚。

梦境：1. 我躺在床上，忽然醒来，发现自己身上爬满了虫子，细细的，没有茸毛那种，约 1 厘米长，它们在我身上快速地蠕动。我非常恐惧，也极度恶心，拼命地用手把它们从身上拨走。这时发现，我只穿着一条内裤，内裤外面也爬满了虫子，我赶紧去拨内裤边缘的虫子，生怕它们爬到里面去。

2. 梦境和第一个梦基本相同，不过梦里多了两个人，一个是我妹妹，我让妹妹一起帮我赶这些虫子，我还是只穿一条内裤，而她穿戴整齐，她过来帮我，但一点都不着急；另一个是我先生，他冷冷地坐在床的另一侧，什么都没做。

3. 我在湖南老家，突然看到，家门口出现了一些虫子，它们想爬进来，门槛上已经有几条了。我非常慌张，赶紧用一张纸片把它们拨到门槛外。这时，我突然想，怎么又做这个梦了，于是一下子醒了。

4. 我和奶奶走在路上，路边一辆小面包车正在燃烧，火基本熄了，但还有些余烬，不断啪啪在响，我拉住奶奶说："小心，别靠近它。"

5. 我一个人走在路上，有些昏暗，路边有一辆早被烧焦了的小面包车，黑漆漆的，有些凄凉。

6. 我在老家，老家门前有一个四四方方的鱼塘，鱼塘修得很整齐，水不深不浅，不脏但也不是清水，就是一般的鱼塘那种感觉，鱼塘中间有一条路。远处开来一辆小面包车，车里有两个 30 来岁的男人，他们不急不缓地说着话，开到了鱼塘中间。突然，中间的路没了，面包车缓缓地沉了下去，他们还是不急不缓地说着话，一点都没急过。我心里有点急，想喊，但没喊，看着这辆车慢慢地淹没在水中。

分析

这是 Vivi 在近一个多月做过的六次噩梦。

最初让 Vivi 想到找我解梦的原因，是关于虫子的梦。第三次梦见那些虫子时，尽管它们在门外，和她根本没有身体接触，而且她还穿着衣服，但这个梦是令她最恐惧的。醒来后，她发现自己出了一身冷汗，恐慌到不敢动弹，于是把丈夫唤醒，求他抱自己一会儿。前面两次做虫子的梦时，尽管她醒后觉得很害怕，但只是后来和丈夫讲起，并没有求他抱自己。最近大半年来，他们已没有性生活，关系变得很疏远。

不过，讲着讲着，Vivi 想起，除了这三个关于虫子的梦外，最近她还做过三个关于面包车的梦。虫子的梦会唤起她极大的焦虑，是典型的噩梦，面包车的梦则是冷色调的，是僵死的，回忆起来觉得很灰暗、很压抑，也可以说是噩梦，醒来后会非常不舒服。

并且，Vivi 突然发现，这三个虫子的梦和三个面包车的梦，是分别在三个晚上做的，而且每次都是先做一个虫子的梦，接着睡着后，又做了一个面包车的梦。

显然，这一系列的梦对她有极为重要的含义。三次虫子的梦，有着相同的含义，三个面包车的梦，也有着类似的寓意，并且虫子的梦和面包车的梦肯定也有着重要的联系，否则它们不会在时间上有那么密切的联系。

可以说，这三个晚上的梦，含义基本是差不多的，它们之所以频繁出现在梦中，是因为 Vivi 一直没有重视梦向她揭示的信息。如果她第一次就尊重了这种信息，那么梦就不必一再重复了。

先说虫子的梦。

其含义再简单不过，就是精虫，即男性的精子。当发现身上爬满虫子时，Vivi 感到非常恶心，非常惶恐，这正是她对性生活的真实态度。Vivi 结婚三年了，这三年来，丈夫在性生活上的方式一直令她非常不满，他从来没有前戏，总是想要便要，想开始便开始，她说了丈夫很多次，说女人和男人不同，他这样令她很不舒服。然而，无论她怎么提要求，丈夫就是不愿意改变。可能是他来自大男子主义很重的家族，认为女人就应该迎合男人，而且男人不应该有柔弱。所以，他甚至都不愿意和她谈性。以前，她也尽量配合他，努力让自己在性上迎合他，但这大半年来，她已做不到这一点了——她的身体百分百地拒绝他，无论她意识上多么努力，身体就是没有一点反应。

她不明白自己为什么会这样，她甚至怀疑自己是不是有了生理问题。

这时，虫子的梦出现了。这个梦以形象的方式告诉她，她对性——确切地说是和丈夫的性——是多么讨厌，虫子像突然袭击一样，突然爬到她身上而且快速游走，象征着丈夫想要就要的态度。她感到恐惧和恶心，这也是她对与丈夫的性生活的真实感受。

有趣的是，就好像生怕她意识上看不懂这个梦一样，于是有了这样的细节：她生怕虫子钻到她的内裤里。这个细节强有力地提示她，这个梦和性有关。

为什么一再做虫子的梦？

因为 Vivi 不尊重自己的感受，她意识上不知道自己身体没有反应的原因，她总以为可能是别的原因，而虫子的梦在清晰地提醒她，她讨厌与丈夫的性生活方式，这种讨厌才是她的严重的性冷淡的根本原因。她意识上总以为，如果自己再做一些努力，就可以继续迎合他了，但梦告诉她，如果她的性生活方式还是令她讨厌的，那么她的身体就会仍然没有反应，仍然会拒绝。并且，拒绝的程度越来越重，第一次只是一个人赶虫子，第二次叫上了妹妹，第三次则是虫子刚爬到门槛上，她就已经受不了了。

如果没有性，她和他的感情会如何？

面包车的梦，揭示的便是这一点。

虽然这场婚姻目前有各种各样的问题，但 Vivi 并不想离婚。

尽管她几次提出离婚，但每当真走到那一步时，她便退却了。她想，这是很多人的生活吧，两人已彻底不再相爱，但仍然能凑合下去。

面包车的梦则告诉她，可能凑合不了，或即便能凑合，那种情境也非常凄凉。

车，常常象征着情感。Vivi 算是一个事业有成的女人，年纪轻轻已有了自己的公司、房子和轿车，出现在她梦中的，却不是她的真实的轿车的形象，而是一辆可怜的面包车，这辆可怜的面包车便是她对自己的家庭感受的象征。

可怜还不算，这辆车还着火了，烧焦了，焚毁了，淹没了，消失了……

三个面包车的梦，一次比一次凄凉。第一次的梦中，还在燃烧。这是当时真实生活的写照，那时他们还时不时吵架。第二次梦中，火熄了，冷却了，那时他们的确连吵架的兴致都没了。第三次梦中，车缓缓地滑入鱼塘，沉了，司机不挣扎，她也不呼救，这也是他们目前状况的写照。Vivi 和丈夫分别有自己的事业，而她知道，他的事业陷入了低谷，但她没有了帮他的兴致，她认为自己以前帮他太多，这次不想再介入他的事业了。于是，尽管她有些着急，但还是看着面包车缓缓地沉入鱼塘。

如果赶跑“虫子”，“面包车”便会完蛋。这便是虫子的梦和面包车的梦为什么总是一前一后的寓意。

尽管是个小小的女强人，但 Vivi 很可怜，她已失去父母，和其他亲人联系也很少。因为这一点，尽管和丈夫的感情已很淡，她仍不肯也不敢结束婚姻。她在性上彻底不能接受，但有时只要一想到失去他，她就会无比惶恐，觉得自己一无所有，在这世界上什么依靠都没了。

所以，她决定，就这样过下去吧，很多很多人不就是这样凑合着过日子吗？也许习惯了一切就会好起来。

但梦告诉她，假若她和丈夫的关系没有发生好的改变，而只是在目前的轨道上继续这样滑行，那么，她可怜的“面包车”也是保不住的。

一个做了多年的梦

〔对抗并不能消除潜意识中的忧虑〕

梦者：阿颜，女，27 岁。

梦境：我躺在一个低洼处的草丛中，四周全是高楼大厦。

分析

这个梦境很简单，不过很特殊。阿颜说，这个梦她做了七八年了，并且有意思的是，尽管梦境相同，但不同时期，她有不同的感受。

最早做这个梦时，阿颜的妈妈被确诊为癌症，而阿颜做这个梦时的感受是惶恐不安。

最近一次做这个梦，阿颜的感受非常舒服，特别有安全感。

为什么会有这样的差异？

答案肯定与她最近发生的事情有关。我问阿颜最近一次做这个梦时，她身边发生了什么重要的事。

她说，她和她心爱的男子订婚了。

这个男子是什么样的人？我再问她。

阿颜说，他是一个很有男人味、很会保护她，但也很大男子主义的男人。她还提到，他希望他们结婚后，她做全职太太，而她尽管有些意见，但还是比较乐意扮演这样的角色。

这就是答案了！

最近一次梦中，高楼大厦象征着她心爱的、很有男人味，但也很大男子主义的男子。她躺在低洼处的草丛里觉得很安全，意味着她乐意扮演这种被保护但也被控制的角色。

并且，梦中的那些高楼大厦稳稳地包围在她周围，这意味着这个男子很想保护而且也有能力保护她。这也是现实的写照，这个男子不仅爱她，也算是成功人士，而且意志力很坚强，同时又相当温和。他不仅有精神基础愿意保护她，也有物质基础来保护她。

那么，第一次做这个梦时，又是什么含义呢？

答案应该在她和妈妈的关系上。阿颜说，她是比较依赖的，而妈妈是强有力的女性，是家里的精神支柱。她和妈妈的关系，是依赖与被依赖的关系。这和她与心爱的男子的关系模式是一样的。

那么，这两个梦的象征意义都一样了。最近的梦中，高楼大厦象征她的恋人，最初的梦中，高楼大厦则象征她的妈妈。

只是，阿颜回忆说，最初的梦中，高楼大厦并不那么牢固，有点摇摇欲坠的感觉，这令她极其恐慌。这正是当时现实状况的象征——作为一家精神支柱的妈妈被确诊患有癌症。

不过，幸运的是，阿颜的妈妈经过治疗，身体不久后恢复了过来，阿颜的安全感也随之得以恢复。她回忆说，妈妈的身体恢复后，她再做这个梦，就不再惶恐不安了。

但只是感到比较安全而已。此后，阿颜一直担忧癌症再次袭击妈妈或家里的其他亲人。一旦担忧加重，这个梦就会再次袭击她。并且，这个梦中的象征性含义逐渐侵入她生活中的许多主题，即她生命中任何一个方面如果遇到了安全感的问题，潜意识都可能会使用这个梦来表达。

阿颜赞同我的推测。前两年，她和恋人的关系出现了一些波折，她也做过这个梦。此外，有一次，她的恋人在路上险些遭遇抢劫，她也做过这个梦。

不过，这个梦是关于关系的，一定是她所依赖的对象出现了一些危险，她才会做这个梦，如果单纯是她自己遇到了麻烦，她不会做这个梦。

这个梦为什么会做这么多年？这和阿颜的性格有关，她一直习惯用“阳光策略”来对抗挫折，一旦遇到了不好的事，她总是给自己打气，让自己表现得阳光灿烂，就仿佛那些令她担忧的事不存在一般。这种“阳光策略”可以从意识层面上令她舒服一点，但并不能消除她潜意识中的忧虑。因为只要有不好的事存在，潜意识就必定要有忧虑，这是自然也是必然的反应。她意识上想否认这种反应，这种反应就只好通过潜意识来表达，也即通过梦来表达。

她已懂这个梦的含义，也懂得了该尊重自己自然的反应。那么，这个梦以后也许就不会再出现了。

恋上章子怡

〔对自己太苛刻〕

梦者：R，女，一名年轻的女明星。

梦境：我是一个化妆师，在一个山村里，正为章子怡化妆。

她的皮肤特别好，人也漂亮极了，为她化妆的感觉真好。为她描眉时，我看着她的眼睛，她也看着我的眼睛。我们四目相对，脸上同时绽放出了笑容。这一瞬间，我突然有了一种奇特的感觉，感觉与她无比默契，心灵上息息相通。

难道我爱上她了，我有点惴惴不安，那岂不是成了同性恋。

这时，梦中的画面突然拉成了长镜头，变成了从一座小山上往下看，而我和章子怡就在这个长镜头捕捉的画面中。

章子怡来了。这个消息传遍了山村，无数的人涌来，想靠近章子怡，我一只手拉着章子怡，另一只手则不断为她护驾，挡开了一双又一双充满仰慕与渴望的手。

这个场景是固定的，画面却是不断变幻的。仿佛在拍电影一样，一会儿是用广角来展示全景，一会儿是用长镜头进行特写，一会儿平拍，一会儿又是从山上或树上俯拍。

分析

R是广州一名颇具人气的主持人，上台之前，她喜欢为自己化妆。一天，她化妆后，一个同事夸她妆化得真漂亮，她听了心里特别受用。

下班的路上，她看到章子怡的一个广告，画面上的章子怡皮肤白皙、神态迷人，她只是瞥了一眼，并未对这个广告留下很深的印象。

但是，当天晚上，她就做了这个梦。

为什么会梦见章子怡，而且在梦中还那么喜欢她，甚至都令自己担心是同性恋了？对此，R感到非常纳闷，作为一名在演唱、影视和主持等方面都有涉足的当红女明星，她自己并不怎么喜欢章子怡。

听了她的这个困惑，我先给她讲了一个故事，她肯定听说过的故事。

2003年8月，在美国MTV音乐录影带大奖颁奖晚会上，乐坛三个流行歌后麦当娜、小甜甜布兰妮和克里斯蒂娜同台演唱，到激情处，麦当娜分别热吻了布兰妮和克里斯蒂娜，这一幕引起轰动效应。特别有趣的是，克里斯蒂娜后来大发牢骚，抱怨电视台只给了麦当娜与布兰妮热吻的镜头，而把她和麦当娜热吻的镜头给删掉了。她还抱怨说，她向布兰妮索过吻，但遭到了布兰妮的拒绝。

布兰妮为什么接受麦当娜的亲吻，却拒绝克里斯蒂娜？

布兰妮后来自己给出了解释，她说自己并不是同性恋，但的确忍不住渴望与麦当娜亲近。不仅如此，她还模仿麦当娜的很多行为，譬如皈依了麦当娜信的教，模仿麦当娜写了一本幼儿教育读物，并在她一些专辑中模仿了麦当娜的衣着、姿态和音乐风格。

模仿麦当娜，并与麦当娜亲吻，这两者的含义其实是一样的：布兰妮渴望成为麦当娜这样的人。

论音乐上的造诣以及演艺圈内的影响，布兰妮与麦当娜不分上下，因此她没有必要在这一点上模仿麦当娜，布兰妮真正想模仿的，是麦当娜做人的风格——特别有主见，为自己的人生做主。

可以说，麦当娜这样的做人风格是布兰妮的理想自我，而布兰妮的现实自我是特别没主见，她不能为她的人生做主，因为她的人生的掌控者是她的妈妈。

布兰妮与麦当娜的接吻貌似同性恋行为，R 在梦中与章子怡的心有灵犀也貌似有点同性恋心理。这两者的含义都是一回事：布兰妮渴望成为麦当娜这样的人，R 渴望成为章子怡这样的人。

R 一开始否认这样的说法，因为她认为自己的确并不喜欢章子怡。

“你不喜欢她什么？”我问她，“不喜欢她的相貌？她的成就？她的做人风格？她的做事风格？还是其他的东西？”

我解释说，每个人都不是铁板一块的。章子怡身上有许多因素，相貌、成就、性格和风格等。同样，R 也不是铁板一块，她身上一样会有矛盾的地方。简单而言就是，她的一部分外显的“我”明确地不喜欢章子怡的某些因素，但她的另一部分隐蔽的“我”特别欣赏或羡慕章子怡的另一些因素。

听了我这一番解释，R 承认有道理。

其实，在对我讲这个梦之前，她的一段话已清晰地揭示了她这个梦的含义。

她说，有两三年时间，她的内心冲突非常强烈。一方面，她是一个没野心的人，从不去争取什么，更不会去抢。通过心计抢来本来不属于自己的戏份，这样的事她从来不干。另一方面，她又特别想有一个明确的目标，“有了明确的目标，我就可以大胆地去追求，为它奋斗。”

只是，这样的“奋斗”意味着我行我素，挑战甚至违背一些大家普遍认可的规则。然而，R 恰恰是一个特别守规矩的人，她的意识不允许她这么做。

简而言之，R 有这样一个内心的冲突：意识上要求自己守规矩，潜意识上又特别希望成为一个有目标就去大胆追求的人，也就是章子怡这样的人。

这种潜意识，她平时自己尽管会意识到一些，但一觉察就会刻意否认，将它压抑到潜意识中去，而梦是潜意识的展现，她与章子怡亲密无间的梦，清晰地告诉她，成为章子怡这样的人，是她的渴望。

不过，真实的章子怡，R 即便在梦中也不能接受，她必须做点工作才行，那就是化妆。把章子怡的一些瑕疵——自然不是相貌上的——修饰掉，那就是完美的章子怡了，也是她所渴望达到的完美境界了——不仅受万人瞩目，同时也无可指摘。

R 的梦还有一个有趣的地方：梦的发动者宛如一个导演，一会儿玩全景，一会儿玩长镜头，一会儿玩俯拍……总之，它要用一切手段来切割、剪辑并组织画面，让画面按照导演的意思展现出来。

这也反映了 R 的人生态度，即试图用各种手法，剪辑掉自己人生中一些不怎么完美的画面，尽可能只留下自己完美的一面。

不过，她这样做，主要不是展现给别人，而是展现给自己，她对自己，有不少偏苛刻的要求。

这样自然很累，R 深知这一点。她说，做这样的梦，似乎比白天的生活还要累。

后记

自由联想帮你解梦

最初，弗洛伊德是通过催眠的方式探察来访者的潜意识，后来，他发现用自由联想就可以了。

所谓自由联想，即当你看到、听到、读到一个细节时，你第一时间想到了什么，然后顺着这个内容继续想下去。最终，这种自由联想会把你引向藏在潜意识深处的心理真相。

自由联想不是刻意而为的，即我们用某种东西指导着自己想象，但自由联想重在自由、自然，假如刻意地想什么，那是很难进入潜意识层面的。

譬如，一位女士梦到自己和一些同事去爬山，山路上突然窜出一条大蛇，紧紧地把她缠住，她被吓醒了。从此以后，本来不怎么怕蛇的她，对蛇产生了恐惧心理，用“杯弓蛇影”来形容也不为过。

后来，在朋友的建议下，她来看心理医生。心理医生让她用自由联想的方式来理解蛇的含义。

“爬行！”这是她联想到的第一个内容，是关于蛇的形象的。

“恶心！”这是她联想到的第二个内容。

“公司里的一位领导。”这是她联想到的第三个内容。

“他整天缠着我，令我感到恶心。”这是她联想到的第四个内容。

至此，心理真相大白。

原来，她的一名上司总是骚扰她，令她非常厌烦，她又不敢得罪领导，所以做不到理直气壮地拒绝他。

这样一来，她对领导的反感被压抑了，部分进入了潜意识深处。但是，这种情感终归是压不住的，它一定要找宣泄的突破口，而蛇，就成了这名领导的“替罪羊”。

怕蛇，实际上是怕领导。

在《死去的好友变成老公情人：释放不良情绪》一文中，荣伟玲启发阿凤给自己解梦时，也有类似的过程，不过来得更直接，全然不费功夫。譬如，就“烂脚”这个细节，阿凤第一时间就想到了“狐臭”。于是，死去的好友立刻与嫂子之间建立了联系，梦的真相就不言而喻了。

太自欺的人难解自己的梦。

自由联想看上去是非常简单的办法，但对于习惯了自我欺骗的人来说，真做起来并不容易。真正的自由联想，是不进行辩论的，是非常自然而然的过程，仿佛水一样在流动，最后把当事人带到真正的目的地。很多人发展出严重的自我欺骗方式，就是为了防止自己去碰触一些心理真相。所以，让这样的人自己去做自由联想，然后去理解梦的含义，非常困难。

我收到过很多请求解梦的来信，在我看来，其中一些梦，是根本不需要解的，因为答案就在他们自己写的信里。

譬如，一个男孩写信说，妈妈总是挑他女朋友的刺。凡是他喜欢的女孩，妈妈都会给她脸色看，结果，一个个女孩就这样被妈妈赶走了。现在，他的女友是妈妈的好友给他介绍的。他说，他一点都不喜欢这个女孩，但为了让妈妈高兴，他一直在勉强维持着与女友关系。

接着，他讲了一个梦，梦很简单，就是他和这个女孩结婚了，却是一场灾难。

最后，他问我，这个梦是什么意思?

这是一个根本就不需要解析的梦，因为梦里的意思太直接了。

很多时候，我们缺乏直面问题的勇气。虽然答案就摆在我们面前，但是我们不想直接寻找这个就在眼前的答案，因为那需要我们承担一些责任。譬如那个男孩就需要挑战他妈妈的病态干涉，却想找一个遥远的、神奇的答案，而解梦常常就是这类答案。

所以，有时候，我们需要问自己一句：

我，真的需要解梦吗？